奇趣科学
探索之旅

寻找消逝的恐龙

DINOSAUR

米家文化 编著

浙江科学技术出版社

写在前面的话

生命在于运动，更在于探索。

运动可以强健我们的体魄，探索却可以武装我们的大脑，宽广我们的胸怀。因为每一次探索之旅，都会让人有所获益，不管是知识，还是情感。

这一次的奇趣科学探索之旅也不例外。你会感叹世界之大，超乎你的想象；世界之奇，让你惊得合不拢嘴；世界之妙，让你心悦诚服。翻开每一本书，就像是开启一场让你惊叹的知识旅程。你会发现：

宇宙是如此广袤——穷尽一生都无法数清到底有多少颗星星，而我们生存的地球却只是其中的沧海一粟。

……这一次旅行，我想你会在探索与发现中产生敬畏之心。

动物是如此奇妙——千姿百态、各显神通只为生存下去，即便是逃命都只能用令人发指的龟速的树懒依然有着自己的保命手段。

……这一次旅行，我想你会在探索与发现中产生好奇之心。

恐龙是如此神奇——时代终结足迹难觅,但是它们的传奇依然值得让人追寻:遍布世界各地称霸地球却在一瞬间消失殆尽。

……这一次旅行,我想你会在探索与发现中产生警醒之意。

地球是如此美妙——土壤河流、风雨雷电,都是我们赖以生存的根基;生命的奇迹,自然的瑰丽无一不是自然之力的魅力。

……这一次旅行,我想你会在探索与发现中产生珍惜之意。

这些旅途的风景都是科学家们凭借自身的聪明才智对这个世界进行探索后绘制而成。而他们在对未知世界进行探索的过程中,无一不是怀着对科学的敬畏和好奇之心,并且饱含对生存及繁衍的警醒和珍惜之意。

所以,在完成这些探索之旅后,你将能以更加科学的态度去思考,以更加坚定的勇气去探索,以更加环保的意识去续写自己和人类的探索新篇章!

谨以此套丛书献给热爱科学和喜欢探索的孩子们!

目录 Contents

恐 龙：消失的统治者 /8

始盗龙：已知最古老的恐龙 /16

腔骨龙：恐龙飞毛腿 /20

棱背龙：撅着屁股的"刺猬" /24

双脊龙：头顶双冠 /28

蜀 龙：生活在中国 /32

喙嘴龙：会飞的恐龙 /36

腕 龙：四层楼高的大家伙 /40

剑 龙：勇敢的素食者 /44

梁 龙：体长数我第一 /48

沱江龙：最爱日光浴 /52

美颌龙：瘦小的独裁者 /56

禽 龙：最早被发现的恐龙 /60

弯 龙：弯曲的骨头 /64

重爪龙：超级捕鱼高手 /68

小盗龙：体形更像鸟的恐龙 /72

鹦鹉龙：长着一张鹦鹉嘴 /76

棘 龙：长着"风帆"的蜥蜴 /80

尾羽龙：像鸟却不是鸟 /84

恐爪龙：从头武装到脚的怪兽 /88

豪勇龙：勇敢无畏的剑客 /92

似鸟龙：恐龙中的窈窕淑女 /96

窃蛋龙：被冤枉的小偷 /100

慈母龙：最有爱的恐龙父母 /104

尖角龙：长得像犀牛 /108

盔龙：戴着头盔好威风 /112

戟龙：盾牌上插利剑 /116

兰伯龙：恐龙"绅士" /120

副栉龙：最爱戴"高帽" /124

食肉牛龙：其实不像牛 /128

甲 龙：坦克战将 /132

埃德蒙顿龙：鼻子会发声的大怪物 /136

霸王龙：残暴冷酷的君王 /140

三角龙：不好惹的食草龙 /144

肿头龙：铁头神功 /148

冥河龙：最后的"神秘客" /152

这些都是真的吗 /156

更多的秘密 /158

恐龙：消失的统治者

如果把地球已经度过的约46亿年的历史压缩成一天，那么恐龙在晚上23点30分才匆匆登场，而出现不到10分钟便突然消失了；在最后的2分钟时间里，新的地球霸主——人类开始登上"舞台"。

这些庞然大物曾经主宰着这个星球，没有任何物种可与强大的它们相抗衡，然而今天，我们却只能通过地层中的骨骼化石去窥探它们的全貌。它们到底是怎样一群生物？它们到底经历了什么才消失殆尽？来，让我们一起重返恐龙的神秘世界——

◎生活时代

三叠纪界于二叠纪和侏罗纪之间，距今约2亿5000万年至2亿300万年。在三叠纪晚期，恐龙便已经在生态系统中占据了重要地位，三叠纪也因此被称为"恐龙时代前的黎明"。

侏罗纪界于三叠纪和白垩纪之间,距今约2亿300万年至1亿3500万年。这一时期气候温暖,植被繁盛,各类恐龙济济一堂,构成了一幅千姿百态的恐龙世界图,恐龙也成为无可争议的陆地统治者。

白垩纪界于侏罗纪和古近纪之间,距今约1亿3500万年至6500万年。这一时期,大陆被海洋分开,地球气候变得温暖,生态系统呈现出欣欣向荣的局面。而恐龙的种类也达到了极盛,称霸整个地球,著名的霸王龙就是此时出现在陆地上的最强大的食肉动物。

然而,到了白垩纪末期,地球上的生物经历了一次重大的灭绝事件:陆地上的爬行动物大量消失,其中占据统治地位的恐龙便在此时遭到灭顶之灾,从此消失了。

◎ 数量庞大

迄今为止，世界上已命名的恐龙共有775种，还有很多恐龙有待考证。据估计，从三叠纪中期到白垩纪晚期，可能有50万种恐龙在地球上生存。但由于各种原因，仅有很少的一部分变成了化石并且被人类发现。

目前，人类根据恐龙骨盆的构造特征不同，将恐龙划分为两大类：蜥臀目和鸟臀目。蜥臀目恐龙的骨盆从侧面看，耻骨在肠骨下方向前延伸，坐骨则向后延伸，这样的结构与蜥蜴有些相似。而鸟臀目恐龙的骨盆从侧面看，其肠骨前后都大大扩张，耻骨前侧有一个大的前耻骨突，伸在肠骨的下方，后侧更是大大延伸至坐骨，向水平方向延伸至肠骨的前下方。蜥臀目恐龙又可以细分为蜥脚类和兽脚类，霸王龙就是兽脚类恐龙的代表。鸟臀目恐龙主要分为五大类：鸟脚类、剑龙类、甲龙类、角龙类和肿头龙类。

在统治世界的1.75亿年中,恐龙不仅种群数目大大增加,而且在体形、习性等方面均表现出多样化的发展趋势。大个子恐龙有几十头大象加起来那么大,小个子恐龙却跟一只鸡差不多大。就食性而言,恐龙中有温驯的素食者,也有凶暴的肉食者,还有荤素兼吃的杂食性恐龙。

◎恐龙化石

世界上不少地区都发现了恐龙化石,有些地区的恐龙化石特别丰富,比如美国的犹他州和科罗拉多州一带,加拿大的艾伯塔省,亚洲的中国、蒙古等。

美国西部的犹他州和科罗拉多州一带盛产侏罗纪晚期的恐龙化石。大名鼎鼎的恐龙界的大汉,如长脖子的雷龙、梁龙,身披骨

板的剑龙，还有大型肉食性恐龙——异特龙，都是在这里发现的。

加拿大的艾伯塔省也发现了大量白垩纪晚期的恐龙化石，如非常著名的霸王龙、甲龙、角龙化石都是在这里发现的。艾伯塔省还建有世界上最大的恐龙公园。

蒙古与中国的内蒙古草原很可能是白垩纪时期地球上最大的恐龙王国。这里主要出土原角龙和甲龙的化石，从幼年至成年的都有发掘，甚至还有恐龙蛋化石、恐龙胚胎化石，十分珍贵。

另外，中国云南的禄丰地区是侏罗纪早期恐龙化石的重要发现地，著名的禄丰龙就是在这里发现的。近年来，科学家还在这里发现了侏罗纪中期的恐龙化石。

四川盆地是侏罗纪早、中、晚期恐龙化石的重要埋藏地，其中以中期和晚期的恐龙化石最为丰富。著名的蜀龙、马门溪龙、峨眉龙、永川龙、沱江龙等都产自这个盆地。

辽宁西部地区则出土了大量保存精美的白垩纪早期植物、无脊椎动物和脊椎动物的古生物化石，是世界上最重要的白垩纪早期化石宝库，被誉为中国的"白垩纪公园"。其中，中华龙鸟、北票龙、中国鸟龙、尾羽龙、原始祖鸟等长羽恐龙的发现，更是让全世界震惊，使辽宁西部成为世界上恐龙发现和研究的热点地区。

◎灭绝之谜

小行星撞击说：据科学家推测，当时，一颗类似小行星的天体不仅撞击了地球的中美洲地区，还撞破了地壳，致使地球内部的岩浆喷涌而出，造成超级火山爆发，从而使得整个地球被浓浓的火山灰和毒气所覆盖。植物无法进行光合作用，致使大气层的氧气含量越来越低。从大多数恐龙化石中还原的恐龙死亡时的姿势来看，它们都非常痛苦，很可能是由于缺氧造成的。而这一观点获得了较多科学家的支持。

气候变迁说：持这一观点的科学家认为，地球上的气候在6500万年前陡然发生变化，气温大幅下降，造成大气层的含氧量

下降，令恐龙无法生存。同时，恐龙属于冷血动物，身上没有毛等保暖器官，所以无法适应气温下降的环境，因此都被冻死了。

物种斗争说：有人认为，白垩纪末期，最初的小型哺乳类动物出现了，这些动物属于啮齿类食肉动物，可能以恐龙蛋为食。由于这种小型动物缺乏天敌，所以数量越来越多，最终吃光了恐龙蛋，使得恐龙无法繁衍后代。

大陆漂移说：地质学研究证明，在恐龙生存的年代，地球的大陆连在一起，即"泛大陆"。于是，有人引用这一研究认为，由于地壳变化，"泛大陆"在侏罗纪发生了较大的分裂和漂移现象，最终导致环境和气候改变，恐龙因此而灭绝。

地磁变化说：现代生物学证明，某些生物的死亡与磁场有关。在地球磁场发生变化时，那些对磁场比较敏感的生物，就有可能灭绝。有人由此推论，恐龙的灭绝可能与地球磁场的变化有关。

被子植物中毒说：恐龙时代末期，地球上的裸子植物逐渐消亡，取而代之的是大量的被子植物，这些被子植物中含有裸子植物中所没有的毒素。身形巨大的恐龙食量很大，大量摄入被子植物，从而导致体内毒素积累过多，最终被毒死。

    关于恐龙灭绝原因的假说，远不止上述几种。但不管哪种说法都存在不完善的地方。因此，恐龙灭绝的真正原因，至今还没有定论，正等待着有志于科学研究的你去进一步探索发现呢。

始盗龙：已知最古老的恐龙

生活时代：约2亿2000万年前的三叠纪
化石分布：南美洲
家族：蜥臀目兽脚类
食性：肉食性

◎最古老的恐龙之一

始盗龙是目前人类发现的最古老的恐龙之一，它的出现标志着恐龙时代的来临。不过这种恐龙可不如我们印象中的那样庞大，是个十足的小个子。它的身长只有1米左右，体重仅7~11千克，看起来就像一条小狗，一点儿也不像我们想象中的恐龙那般威武。

◎一切纯属偶然

长期以来，由于化石证据不充分，科学家们一直无法确定究竟哪一种恐龙最早出现在地球上，甚至一度将腔骨龙视为最古老的恐龙。

直到20世纪90年代，美国古生物学者塞里诺博士和同事在阿根廷西北部一个叫月谷的地方考察时，才偶然在一处废石堆里发现了一个近乎完整的头骨化石。这是一个具有历史性的时刻，考察小组在对废石堆一带进行了数次反复"扫荡"后，终于挖出了一副完整的恐龙骨骼。

而更令人惊喜的是，这一品种以前从来没有被发现过。新的证据带来了新的认识，就这样，迄今为止最古老的恐龙被发现了，约2亿2000万年前，它就生活在南美洲的土地上……

◎ **黎明的掠夺者**

始盗龙个子虽小,脾气却不小。那时,地球上很多生物还没有进化出来,厉害的肉食动物更是少之又少,所以别看始盗龙个头不大,却是当时很厉害的一种动物。

始盗龙捕猎时,往往采取突然袭击的方式,猛地扑过去用尖利的爪子和牙齿把猎物撕成碎片,十分凶狠。

这家伙就像突然闯入地球的强盗,一时所向无敌,因此古生物学家称它是"黎明的掠夺者"。

◎ 既吃肉又吃素

始盗龙的上下颌上长着许多牙齿,特别是后面的牙齿就像带槽的牛排刀一样厉害,与后来的肉食性恐龙极为相似,而且它拥有善于抓捕猎物的双手,有能力抓捕并干掉同它体形差不多大小的猎物。

但始盗龙前面的牙齿却是树叶状的,与草食恐龙相似,这说明它也吃植物。

幸好始盗龙不光吃肉,还喜欢吃植物,不然当时肯定有更多的动物要遭殃了。

◎ "手指"越多越原始

始盗龙拥有5根"手指",其中3根很长,上面长了爪子;而另2根则很小很细,几乎只是摆设。这也表明它是一种非常古老的恐龙,因为后来出现的肉食性恐龙的"手指"数趋于减少,如后期出现的霸王龙等大型肉食性恐龙则大多只剩下2根"手指"了。

腔骨龙：恐龙飞毛腿

生活时代：约2亿年前的三叠纪晚期
化石分布：美国
家族：蜥臀目兽脚类
食性：肉食性

◎恐龙界的"飞人"

腔骨龙生活在三叠纪晚期，是一种早期恐龙。腔骨龙身长约3米，体重却仅有20千克。这是因为腔骨龙的骨头是空心的，和鸟类一样。

此外，腔骨龙的头很小，头颅上长着很多孔洞，而且各个孔洞还通过狭窄的骨头相连。腔骨龙的前肢很短，后肢却长得像鸵鸟腿，十分强壮。此外，它还有一条又细又长的尾巴，可以帮助它在快速奔跑时保持身体平衡。

由于具备了以上身体条件，腔骨龙真可以称得上是恐龙界的"飞人博尔特"，其最快奔跑时速可达80千米，就像一辆在马路上飞驰的小汽车。

◎抱团出击

腔骨龙是肉食性恐龙,但因为腔骨龙个头不大,就算速度再快,想追上猎物也要花费很多心思。而且要是碰上其他肉食性恐龙,很可能就要空手而归了。因此,为了更快地找到食物,也为了更好地保存体力,腔骨龙常常结成小团体,成群结队地活动,就跟现在的野狼一样。面对团队的力量,不但草食性恐龙害怕它们,就连其他肉食性恐龙也要让它们三分。

◎残忍还是慈爱

腔骨龙前面的牙齿较小,十分锋利;而后部的牙齿更像是带锯齿的双刃刀,切起肉来又方便又快捷。腔骨龙主要捕食小型的草食恐龙,有时也吃一些腐肉。而在食物短缺时,为了填饱肚子,它们还会自相残杀,场面真是既血腥又恐怖!

科学家在研究腔骨龙化石时,曾在几具化石的内部发现了小型腔骨龙的骨架。有人认为是成年恐龙残忍地吃了恐龙宝宝,真是可怕。但也有人认为,腔骨龙是一种卵胎生动物,它们让受精卵在体内

吸收营养，然后供给胚胎发育，最后才把小宝宝生出来，这样看来，它们也很"慈爱"呢。

◎ **最耐旱的排泄方式**

人类小便是为了将身体内多余的含氮物质排出体外，但因为含氮物质具有毒性，所以要用水进行稀释，因此产生了尿液。腔骨龙则是通过尿酸的形式排泄多余的含氮物质，而尿酸没有毒，不需用水稀释，所以就为腔骨龙的身体保留了大量的水分，使它更加耐旱耐渴。

◎ **与星星面对面**

1998年1月22日，美国"奋进"号航天飞机升空，飞往"和平"号太空站执行任务。但特别的是，这次飞船里还携带了一副神秘的动物头骨化石，那就是腔骨龙的头骨化石。它可是继慈母龙化石后第二具进入外太空又成功返回地球的恐龙化石。

棱背龙：撅着屁股的"刺猬"

生活时代：2亿300万～1亿9400万年前的侏罗纪早期
化石分布：英国、美国
家族：鸟臀目鸟脚类
食性：植食性

◎ 完整的骨骼

棱背龙是最早被发现的具有完整骨骼的恐龙。棱背龙身长约4米，与其他大型恐龙相比，它只能算是个小家伙。

棱背龙的后肢比前肢长，后肢下半部的骨头又粗又短。当用后肢支撑身体时，它的身体就可以直立起来，使自己能吃到高处的树叶。

但科学家经过测量发现，棱背龙的前脚掌与后脚掌一样大，有四个脚趾，最内侧的趾骨是最小的。这表明，在更多的时间里，棱背龙还是习惯于用四肢走路。

◎ "装甲"御敌

棱背龙生活在侏罗纪早期的北美洲,那时是恐龙的全盛时期,恐龙的数量很多,它们之间的斗争也很激烈。残忍的肉食性恐龙们到处寻觅自己的美食。

为了生存下去,草食性恐龙们不得不发展出各自的御敌术。而小个头的棱背龙也有自己的秘密武器——那就是一身坚固的"装甲",以及"装甲"上密密麻麻、锋利无比的尖刺。

当肉食性恐龙发动进攻时,棱背龙就会迅速把身体缩成一团,像刺猬似的只把身上的尖刺露在外面。要是有哪个冒失鬼敢上去咬一口,不但吃不到肉,反而会弄得满嘴鲜血直流,甚至连牙齿都有可能崩断呢。肉食性恐龙无法下嘴,只好灰溜溜地走开了。

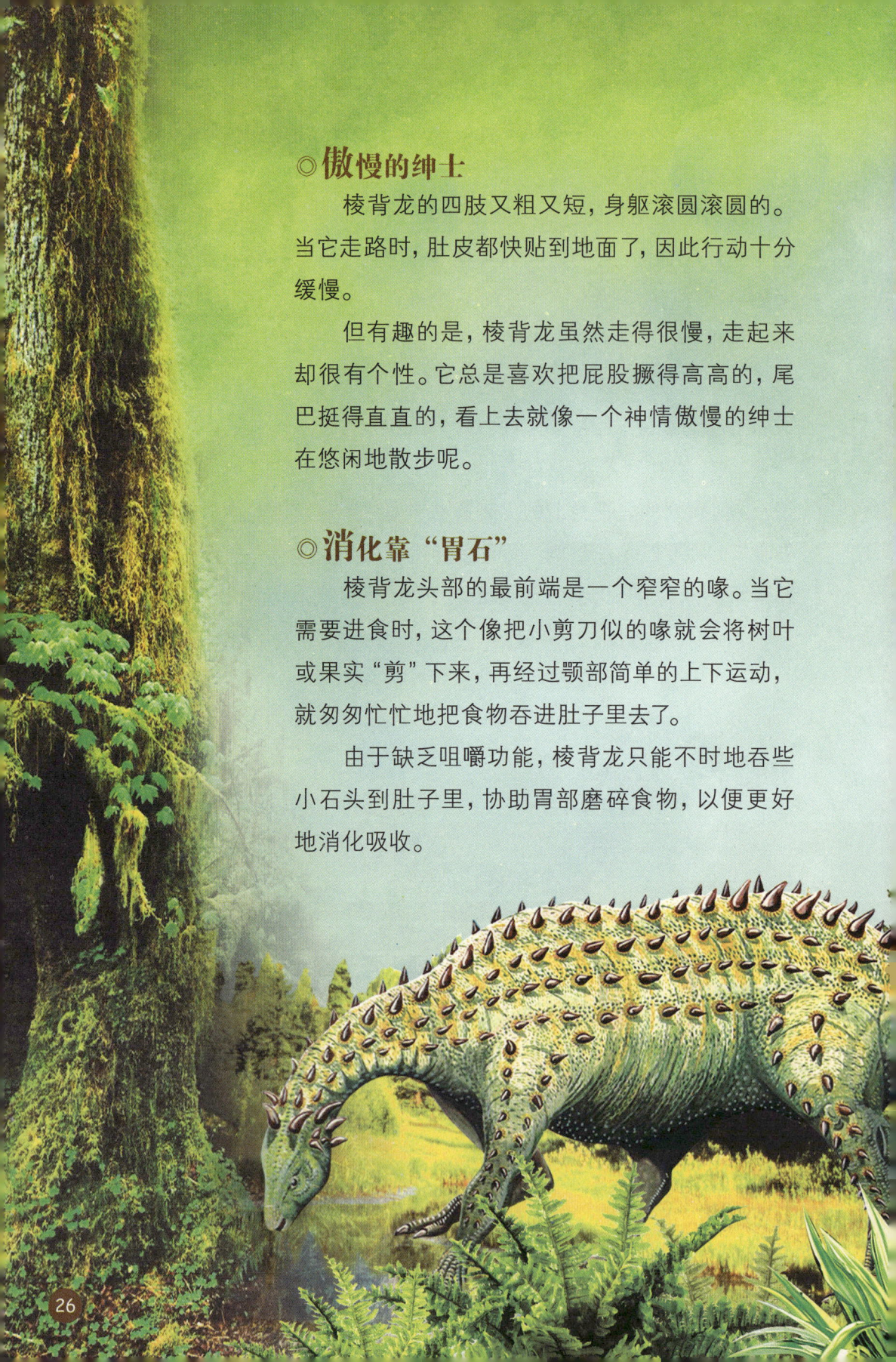

◎ 傲慢的绅士

棱背龙的四肢又粗又短,身躯滚圆滚圆的。当它走路时,肚皮都快贴到地面了,因此行动十分缓慢。

但有趣的是,棱背龙虽然走得很慢,走起来却很有个性。它总是喜欢把屁股撅得高高的,尾巴挺得直直的,看上去就像一个神情傲慢的绅士在悠闲地散步呢。

◎ 消化靠"胃石"

棱背龙头部的最前端是一个窄窄的喙。当它需要进食时,这个像把小剪刀似的喙就会将树叶或果实"剪"下来,再经过颚部简单的上下运动,就匆匆忙忙地把食物吞进肚子里去了。

由于缺乏咀嚼功能,棱背龙只能不时地吞些小石头到肚子里,协助胃部磨碎食物,以便更好地消化吸收。

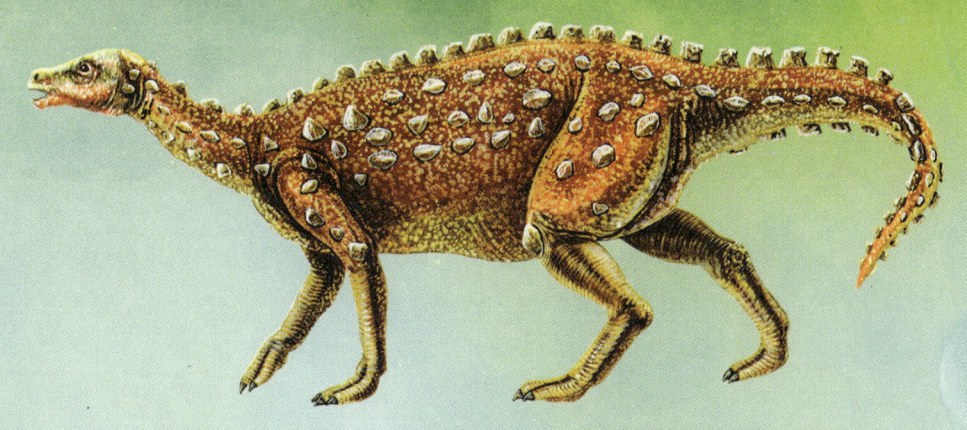

◎ 由中国古生物学家命名

1869年，美国古生物学家爱德华·科普就提出了棱背龙的概念。不过，这种恐龙的确切命名，是由中国古生物学家董枝明提出的。

除了棱背龙，董枝明还为另外30多种恐龙命名，可以说是世界上给恐龙命名最多的人呢。

双脊龙：头顶双冠

生活时代：侏罗纪早期
化石分布：美国亚利桑那州、中国云南省
家族：蜥臀目兽脚类
食性：肉食性

◎ 身形"苗条"

双脊龙长约6米，站立时头部高约2.4米，体重半吨左右。双脊龙的体形与后来许多大型的肉食性恐龙相比，显得十分"苗条"，它的头部和颈部虽短却很强壮，与此同时，它的前肢短小，后肢则比较发达，所以它擅长奔跑，行动起来十分敏捷。

它的嘴部前端特别狭窄，而且十分柔软灵活，可以从矮树丛中或石头缝里将那些细小的蜥蜴或其他小型动物衔出来吃掉。

◎双冠的秘密

双脊龙的头上有圆而薄的头冠，关于这种头冠的功能说法不一。有的古生物学家认为，头冠是雄性双脊龙争斗的工具，当雄性双脊龙发生对峙时，头冠较小的一方可能会不战而退，头冠大的胜利者就能在族群中占据有利地位，获得更多的繁衍后代的机会。

但后来经考证发现，双脊龙的头冠比较脆弱，不太可能用于打斗。所以又有一些古生物学家认为，双脊龙的头冠外面或许会有艳丽的色彩，就像公鸡的鸡冠一样，是吸引异性的工具。

◎ **三道攻势**

双脊龙有发达的后肢，并且后肢掌部还长有利爪，因此能够飞速地追逐植食性恐龙。双脊龙发现猎物后，通常会采用三道攻势干净利索地解决掉猎物。而这三道必杀技分别是：用口中的长牙死命咬住猎物，挥舞脚趾和手指上的利爪抓紧、攻击猎物，然后美美地吃上一顿。

◎ **化石的误会**

第一具双脊龙的骨骼化石是1942年在美国亚利桑那州北部发现的。但是当这具标本被送到美国加利福尼亚州立大学柏克莱分校清理时，古生物学家威尔斯认为它是魏氏斑龙的化石。

直到1970年，考察人员重返标本发现处测定该地的地质年代时，又发现了一具新的标本，而这具新标本具有明显的两个冠饰。由此，它才被确认是一个独立的属，并被命名为双脊龙。

◎**中国双脊龙**

中国双脊龙有三个种，分别是月面谷双脊龙、奇特双脊龙及中国双脊龙。

其中最特殊的是奇特双脊龙，这种恐龙的形态其实更接近南极洲的冰脊龙。这个物种是1987年在中国云南省与云南龙一起被发现的。

2001年，有新的研究指出，不同性别的双脊龙的圆冠大小也不同。科学家通过研究双脊龙的头颅又发现，在它的第一排牙齿后有一个凹口，因此中国双脊龙的样子很像鳄鱼。

蜀龙：生活在中国

生活时代：约1亿7000万年前的侏罗纪中期
化石分布：中国四川
家族：蜥臀目蜥脚类
食性：植食性

◎ 来自四川的龙

侏罗纪中期，在中国四川一带，生活着一种原始蜥脚类恐龙——蜀龙。蜀龙化石就是在四川省自贡市被考古学家发现的。

蜀龙身长约12米，体重大约有两头成年大象那么重。它用粗壮的四肢支撑起庞大的身体，走起路来慢腾腾的。蜀龙喜欢群居生活，还喜欢和鲸龙一起成群出现。

◎挑剔的"美食家"

在恐龙世界里,蜀龙可以算是个挑剔的"美食家"了。为了能时时品尝到美食,它们喜欢将家安在水草丰美的溪流边、小河畔。这样一来,它们只要想吃,就能随时让嘴里塞满鲜嫩的枝叶,再细细品尝甘醇的植物汁液。

不过,蜀龙可不是所有的叶子都吃,它们只吃那些长在低矮树木上的叶子和嫩芽。因为这些树的树干短,所以树根吸收的大部分养分都会聚积在嫩叶上。这样的嫩叶又好吃又营养,是蜀龙的最爱。

这样看起来,蜀龙不仅是个有品位的"美食家",还是个地道的"营养学家"呢!

◎秘密防身武器

蜀龙的前肢要比后肢短很多,身体又相当笨重,而且它还习惯于四肢着地爬行,因此走起路来非常缓慢,速度简直和乌龟差不多。那么,一旦遇到敌人,蜀龙该怎么办呢?

其实,蜀龙也有自己的秘密防身武器。蜀龙的尾巴很长,末端长着尾椎。尾椎圆鼓鼓的,就好像一个小足球,里面全是骨头,上面还有两对短钉。

每当遇到危险时,蜀龙只要抡起尾巴,狠狠地朝敌人砸过去,往往吓得袭击者来不及攻击就逃跑了。如果有哪个不怕死的敢上前,保准打得它头破血流。

◎ 勺子状的牙齿

蜀龙的嘴里一共有40多颗牙齿，包括4颗前颌齿、17~19颗颌齿和21颗臼齿。这些牙齿高而细，有点像树叶的形状，可是边缘因为没有锯齿，所以看起来更像勺子。

正因为有这样的牙齿，也难怪蜀龙最爱吃鲜嫩的树叶了。原来除了嫩叶多汁好吃之外，最关键的原因是，它们根本咬不动那些硬硬的枝条。

喙嘴龙：会飞的恐龙

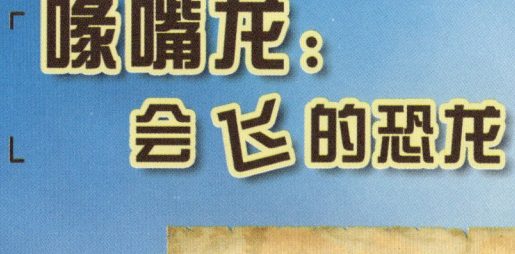

生活时代：侏罗纪中期到晚期
化石分布：德国
家族：鸟臀目喙嘴龙类
食性：杂食性

○ 会飞的爬行动物

喙嘴龙生活在1亿3000万年前，是一种比较原始的翼龙。它的全身披着细小的皮毛，翅膀完全展开时可达2米左右。

喙嘴龙的尾巴很长，末端有垂直伸长的像苍蝇拍子一样的舵状皮膜。科学家经过研究发现，喙嘴龙祖先的尾巴上长有许多小的突起，在进化过程中形成舵状皮膜。这种长在尾巴上的舵状皮膜能够使翼龙在飞行时更好地保持平衡，特别是在空中改变飞行方向时，能起到稳定身体的作用，很像飞机上的自动稳定器。

喙嘴龙有很大的喙状骨，胸骨上有控制飞行的肌肉。它的身子较小，头骨较重，且长在一个长长的脖子上。这样的喙嘴龙居然能飞起来，简直就是一个奇迹。

◎ 迷你"飞行员"

目前发现的最小的喙嘴龙标本，身长只有29厘米，但令人惊奇的是，这具标本上的一些特征表明，它已经具有飞行能力。有科学家据此推论，喙嘴龙刚孵化出来就具有行动能力，也就是说它们出生后不久就会飞行，不需要父母的长期哺育。从这个角度来说，喙嘴龙真的好厉害！

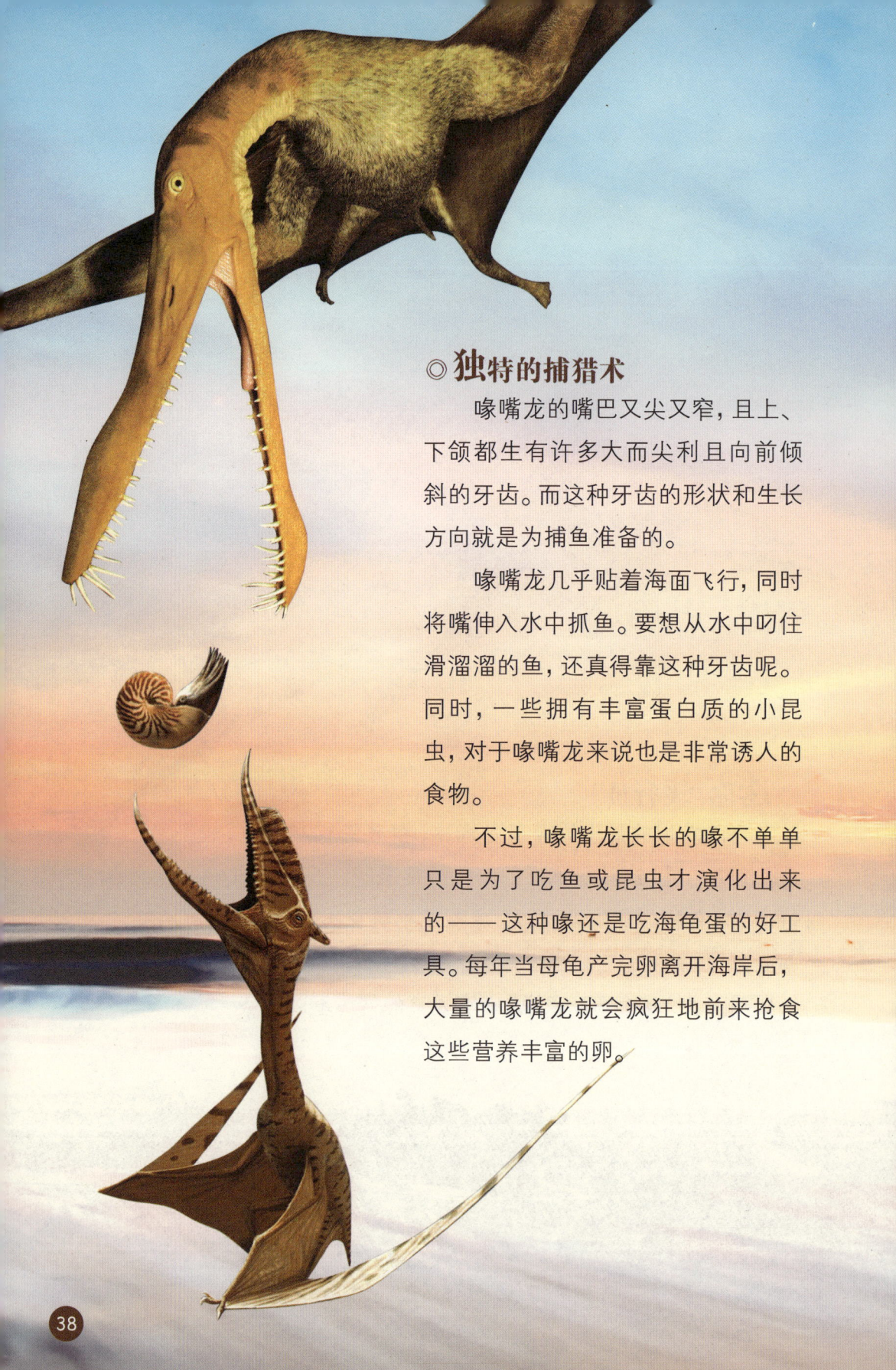

◎ 独特的捕猎术

喙嘴龙的嘴巴又尖又窄,且上、下颌都生有许多大而尖利且向前倾斜的牙齿。而这种牙齿的形状和生长方向就是为捕鱼准备的。

喙嘴龙几乎贴着海面飞行,同时将嘴伸入水中抓鱼。要想从水中叼住滑溜溜的鱼,还真得靠这种牙齿呢。同时,一些拥有丰富蛋白质的小昆虫,对于喙嘴龙来说也是非常诱人的食物。

不过,喙嘴龙长长的喙不单单只是为了吃鱼或昆虫才演化出来的——这种喙还是吃海龟蛋的好工具。每年当母龟产完卵离开海岸后,大量的喙嘴龙就会疯狂地前来抢食这些营养丰富的卵。

◎ **冷血动物**

最近的研究表明，喙嘴龙可能并不像人们之前认为的那样，是恒温动物，其实它们是一种冷血动物。它们需要在阳光下曝晒或进行激烈运动，才能获得足够的能量来飞行，然后又会在阴影处散发多余的热量。这种行为类似于现代的爬行动物。

腕龙：四层楼高的大家伙

生活时代：1亿5600万～1亿4500万年前的侏罗纪晚期
化石分布：美国、坦桑尼亚
家族：蜥臀目蜥脚类
食性：植食性

◎脖子很长

腕龙的脖子很长且转动迟缓。为了减轻脖子的负担，它的脑袋非常小，与整个身体根本不成比例。用现在的眼光来看，腕龙真是要多丑有多丑。

但腕龙之所以有这样长的脖子及庞大的身躯，完全是环境作用的产物。当时气候温暖、植被茂盛，而腕龙靠着长长的脖子，即使不移动身体也能吃到远处的食物，真的很方便呢。

◎小蚂蚁遇到了大象

腕龙是已发现的恐龙中个子最高的,一个成年人只能够到它的膝盖,它抬起头的时候有12米高,相当于四层楼的高度。在它面前,人类就像一只小蚂蚁遇到了大象。

◎食量巨大

比起脖子不能高高抬起的鲸龙,腕龙就拥有太多的优势了,它们能够轻易地吃到其他草食类动物吃不到的树梢上的嫩叶。这些庞然大物一天要吃掉1500千克的食物,相当于10头大象的食量。

◎个大胆小

别看腕龙身形庞大,看起来谁都不敢惹,但可笑的是,这些大家伙的胆子却小得很,喜欢成群结队地活动。肉食性恐龙一来,它们便吓得跑进深水里,将身体全部埋入水中,只让鼻孔露出水面。所以,腕龙大多会选择在有水的地方活动,方便危险来临时逃命。

◎屎量惊人

腕龙不仅食量大,排泄量也很惊人。古生物学家曾发现过腕龙粪便的化石,竟然有1米多高,而这仅仅是它一次的排泄量。如果你有幸穿越时空见到腕龙,记住千万别站在它的屁股底下哦,不然很可能被这位大粪王的一泡屎给压死。

◎ 鼻孔朝天

现在，我们总是用"鼻孔朝天"来形容一个人高傲自大，看不起别人，但没有想到，原来世界上还真的有鼻孔朝天的家伙呢！哈哈，腕龙的鼻孔就长在头顶上，是名副其实朝着天长的哦。

但这鼻子用处大着呢，因为鼻子周围有湿润的皮肤皱褶，在炎热的环境中，可以帮助腕龙散热，使它们保持身体凉爽。

另外，腕龙喜欢待在水里，鼻孔朝天使它们即使潜在水里也可以轻松地将鼻孔露出水面呼吸。

◎ 狠心的父母

腕龙最喜欢成群结队地在一望无际的大平原上游荡，寻找新鲜的树叶。在不断游走的过程中，腕龙妈妈根本没时间做窝，它们总是随心所欲地走到哪里就把蛋下在哪里。小腕龙出世后，父母也不照顾它们，是死是活只能听天由命。

剑龙：勇敢的素食者

生活时代：1亿5500万～1亿4500万年前的侏罗纪晚期
化石分布：加拿大、美国
家族：鸟臀目剑龙类
食性：植食性

◎ 身大头小

剑龙身长达9米，跟一辆公共汽车的长度相当，体重可达两吨。可奇怪的是，它的脑袋竟小得出奇，大脑更是只有一颗核桃那么大，是已知恐龙中头身比例最小的，因此它的智商不高。不过虽然有点笨，但剑龙堪称素食家族中的勇士呢。

◎ **素食勇士**

　　剑龙的前肢比后肢短很多，这导致它的肩部位置很低，臀部则高高耸起，远远望去，就像一座移动的小山包，山顶自然就是它的屁股。

　　剑龙最明显的特征就是，从颈部沿着背脊直到尾巴中部，排列着两排三角形的骨板。锋利的骨板就像尖刀一样插在剑龙的后背上，让剑龙看上去威风凛凛。

　　剑龙鞭子似的尾巴末端有4根长达1米的钉状物，就像中国古代的兵器狼牙棒，十分厉害。

　　当肉食性恐龙发动进攻时，剑龙会先用背上的骨板向它们刺去，给它们来个下马威。要是还有不知好歹的敢上来继续挑衅，剑龙才会狠狠甩动尾巴，用尾刺抽打敌人。就算打得头破血流，剑龙也不会后退一步。因此肉食性恐龙见了它，也要再三思量。

　　可以说，在肉食性恐龙渐渐横行的世界里，剑龙可是名副其实的勇士，比起只会躲藏的腕龙，它就像一个独行的勇士，令人钦佩！

◎ 早死只因饿得慌

剑龙所属的剑龙亚目恐龙，在白垩纪初期就灭亡了，是恐龙世界中最早灭亡的一种。而它们的灭亡原因说出来真是笑死人：因为饿得慌，也就是饿死的呢！

在地球上，随着时间的变化，一些植物消失了，新的植物出现了，而剑龙亚目恐龙很难适应这些新的植物，因此常常吃不饱，饿肚子。吃不饱自然就没有力气与前来挑衅的肉食性恐龙搏斗，所以剑龙亚目恐龙只能从地球上消失了。

◎ 鸟嘴怪物

剑龙的头又小又扁，更奇怪的是，它竟然长着一个像鸟嘴一样尖尖的喙，而且喙的前部没有牙齿，只在喙的两侧有些小牙。这些颊齿的边缘有锯齿，能帮助它们轻松地扯下树叶。

◎ **化石的发现**

在美国与加拿大西部的地层中,已经挖掘出大约80具剑龙的化石。过去,人们一直认为剑龙只分布于现今的北美洲地区,直到2006年,在葡萄牙境内也发现了新的剑龙属标本,显示当时的欧洲也有剑龙存在。

不过,北美洲依然是剑龙的主要发现地带。1984年,科学家在美国的怀俄明州发现了一具半成熟剑龙的完整标本,标本体长4.6米,高2米,活着时的体重大约有2.3吨,这具标本目前收藏在怀俄明大学的地质学博物馆中。

梁龙：体长数我第一

生活时代：1亿5000万～1亿4700万年前的侏罗纪晚期
化石分布：美国
家族：蜥臀目蜥脚类
食性：植食性

◎长度称王

如果说腕龙是恐龙世界里的身高冠军，那梁龙就是不折不扣的体长冠军。面对它，你会深深地觉得自己是如此渺小。

梁龙是目前已知的身体最长的恐龙，它们的身长可以超过27米。如果让20个10岁左右的小朋友头脚相连，躺在地上，他们所构成的长度基本同一只梁龙的体长差不多。而已经发现的最长的梁龙甚至长达45米，竟然比一个网球场还要长。

梁龙虽然身体很长，体重却仅有十几吨，只相当于两头成年亚洲大象的重量，这是因为它不仅脑袋很小，身体纤瘦，而且所有的骨头都是空心的。

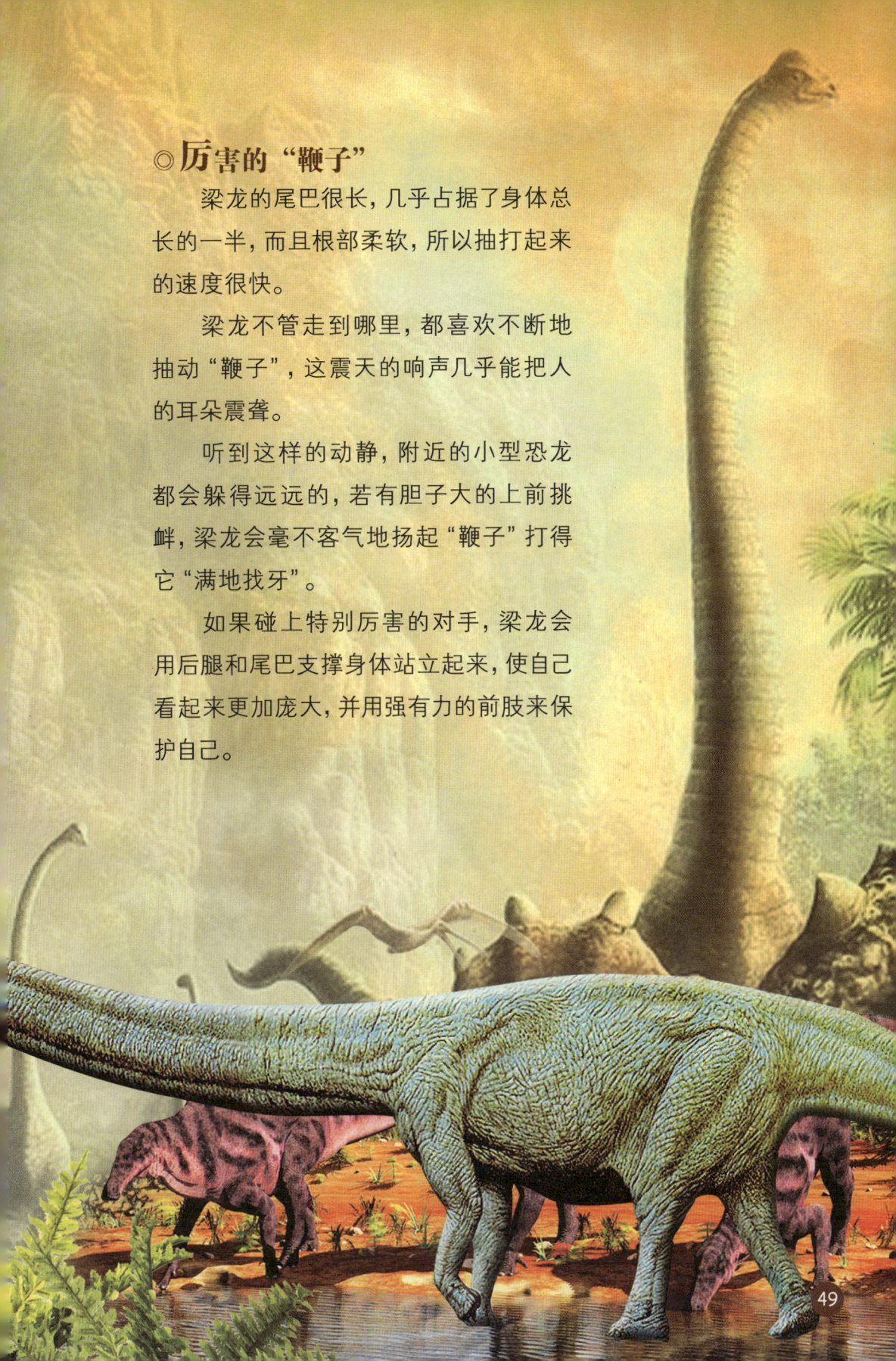

◎厉害的"鞭子"

梁龙的尾巴很长,几乎占据了身体总长的一半,而且根部柔软,所以抽打起来的速度很快。

梁龙不管走到哪里,都喜欢不断地抽动"鞭子",这震天的响声几乎能把人的耳朵震聋。

听到这样的动静,附近的小型恐龙都会躲得远远的,若有胆子大的上前挑衅,梁龙会毫不客气地扬起"鞭子"打得它"满地找牙"。

如果碰上特别厉害的对手,梁龙会用后腿和尾巴支撑身体站立起来,使自己看起来更加庞大,并用强有力的前肢来保护自己。

◎ **超快速成长**

梁龙的成长速度十分惊人，就像打了激素似的噌噌往上长。

根据美国科学家研究发现，梁龙只需要10年左右的时间，就能够长大成年。

如一头5岁的大象重约1吨，而同年龄的梁龙却已重达10吨。

◎恐龙式呼叫

梁龙喜欢集体生活,并且从中发展出一项独特的本领,那就是能发出一系列与众不同的声音。

这种声音的音调很低,通过地面的震动进行传播,可以保证梁龙在觅食时群体成员间不会走散。

◎大块头中的大块头

震龙(现改名为哈氏梁龙)又是梁龙世界里的超级大块头。小的震龙大概就有39米长,而最大的震龙居然可以长达52米。

震龙在原野上走起路来,每一步落在地上都能让大地抖三抖,摇三摇,好像地震一样,所以人们习惯称它们为"地震龙"。

沱江龙：最爱日光浴

生活时代：约1亿5000万年前的侏罗纪晚期
化石分布：中国
家族：鸟臀目剑龙类
食性：植食性

◎ 亚洲第一

1974年，人们在中国四川省自贡市五家坝，发掘到了亚洲有史以来第一具完整的剑龙类骨架化石，古生物学家将其命名为沱江龙。

沱江龙的体长大约为7.5米，头部很小，头顶又低又平，嘴巴又长又尖。沱江龙走起路来喜欢把背部高高拱起，长长的尾巴像扫帚一样拖在地上。远远看去，就像一座移动着的石拱桥。

◎防御工具

沱江龙像所有的剑龙类恐龙一样，具有一个小而扁的头部，嘴的小前半部分没有牙齿。另外，沱江龙从脖子、背脊到尾部，共生长着15对三角形的背板，比剑龙的背板还要多、还要尖利，其主要功能是防御敌人的侵犯。

沱江龙的剑板较大，而且形状多样，颈部的呈桃形，背部的呈三角形，尾部的呈高棘状的扁锥形。从颈部到背部，剑板逐渐增高、增大、加厚，其中最大的一对就长在背部。这些剑板在沱江龙背面中线的两侧呈对称排列。

在沱江龙短而强健的尾巴末端，还有两对向上扬起的利刺，使它可以用尾巴击退所有敢靠近的肉食性恐龙。

◎ 自带"太阳能板"

沱江龙的背板不仅可以御敌,还可以用来采集阳光。它们就像太阳能板那样,不断吸取热量。当这些背板中的血液在阳光的照射下不断升温时,热量就会通过血管传遍全身,就像热水在暖气管道中流动,从而使整个房间都变得暖暖的一样。所以,沱江龙的嗜好就是晒日光浴。

◎ 边吃边躲

沱江龙最喜欢以灌木为食。因为这些植物鲜嫩多汁,很适合沱江龙纤弱的牙齿;其次,沱江龙的嘴巴很小很尖,吞不下很大的东西,所以只能靠采摘植物为生。

低冠植物不仅喂饱了沱江龙,还是一项很好的保护伞呢。低冠植物大多长得很茂密,就像厚厚的帘子一样,使躲藏在其中的沱江龙不容易被食肉类恐龙发现。如此一来,沱江龙就可以优哉游哉地饱餐一顿了。

◎ 邻居峨眉龙

古生物学家在发现第一具沱江龙骨架化石时,还发现了两具同时期的峨眉龙的骨架化石。

峨眉龙是一种中型长颈的蜥脚类恐龙,体长12~14米,高5~7米。它像现在的长颈鹿一样,脖子特别长。峨眉龙和其他草食性恐龙一样,喜欢生活在湖边,这样它们就能方便地吃到喜欢的植物了。

目前,科学家共发现了峨眉龙四个不同的种,分别是:荣县峨眉龙、釜溪峨眉龙、天府峨眉龙,以及罗泉峨眉龙。

美颌龙：瘦小的独裁者

生活时代：约1亿4500万年前的侏罗纪晚期
化石分布：德国、法国
家族：蜥臀目兽脚类
食性：肉食性

◎ 虽小却霸道

美颌龙是目前已知的最小的恐龙之一，它比其他恐龙要秀气得多，就算长到成年，也只有0.6米长，最长的也不过1.3米，体重仅2.5千克左右。要是除去那条细长的、几乎超过身长一半的尾巴，它看起来就和一只公鸡差不多大。

美颌龙不仅身材长得秀气，就连嘴里的68颗牙齿也格外小巧玲珑。但是你可千万不要被这些假象所迷惑，这些牙齿可是很厉害的捕猎武器呢！

这些小小的牙齿不仅非常尖利，边缘还是弯曲的，对于蜥蜴、昆虫之类的小动物来说，只要碰到美颌龙，小命可就玩完了。

◎逍遥的生活

当时的欧洲是一片干旱的热带群岛，位于古地中海的边缘。科学家在发现美颌龙的地区，并没有发现同一时期生活的其他恐龙。

由此可以证明，体形细小的美颌龙是这些岛屿上无可争辩的独裁者，那里几乎没有其他动物能与之抗衡，日子过得真是逍遥极了。

◎闪亮小明星

1861年,第一具美颌龙的化石标本发现于始祖鸟化石的产地——德国巴伐利亚州索伦霍芬印版石石灰岩中。

美颌龙虽然其貌不扬,但是由于它与人们推测的鸟类祖先"沾亲带故",这个小家伙因此成为恐龙中最受专家学者们关注的对象,是不折不扣的恐龙小明星。

◎电影中的常客

美颌龙因为发现得较早,且骨架较完整,所以最为人们熟悉,同时更因它的体形小而非常出名,经常出现在儿童读物或科幻影片中。

比如,著名的电影《侏罗纪公园:失落的世界》,虽然影片经过了艺术加工,将另一种小型龙的特点也赋予了美颌龙,不过电影中大部分关于美颌龙的描述还是比较尊重科学事实的。如果你对美颌龙有兴趣的话,可以看看这部电影。

◎牛皮糖捕猎法

美颌龙捕猎的方法很特别。面对猎物，美颌龙总是表现出一种穷追猛打、不到黄河心不死的精神。只要它看上了一个猎物，不管猎物跑到哪里，它总是毫不畏难地追到哪里，决不轻言放弃。

有的小动物会爬树，以为爬上树就万事大吉了，但结果往往让它们大吃一惊，美颌龙总是紧随其后爬上树，跳上高高的树枝，不捉到猎物誓不罢休。

这种坚持不懈的精神让美颌龙声名鹊起，谁也不敢轻易惹它，一旦有谁被它像牛皮糖一样地紧紧缠住不放，想脱身可就难上加难了。

禽龙：最早被发现的恐龙

生活时代：1亿4000万~1亿2000万年前的侏罗纪晚期至白垩纪早期
化石分布：德国、比利时、英国、西班牙
家族：鸟臀目鸟脚类
食性：植食性

◎最早被发现

1822年，英国一个名叫格丁·曼特尔的医生及其夫人，无意中发现了一种恐龙的化石，这是世界上最早被人类发现的恐龙，它就是禽龙。

禽龙身躯高大，体长一般在10米左右，用后肢站立时，身高可达4.5米，体重约4.5吨，与一头成年亚洲象差不多。

◎ **细嚼慢咽**

禽龙的嘴巴前面有一个角质的喙,没有牙齿;后面两侧的牙齿则较多,有50多颗,且排列紧密。这样一来,它找到食物后就可以利用上下颚的颊齿互相磨合,磨碎食物,形成类似咀嚼的动作,品尝到食物的美味。

禽龙喜欢吃马尾草、蕨树和苏铁,它的大部分时间都花在了寻找食物和咀嚼食物上。禽龙可以用肌肉发达的后肢站立,去啃食树上的叶子。

◎ **牙齿会更换**

比起那些要吞食鹅卵石才能帮助消化的恐龙来说,禽龙的生活真是幸福多了。

而且即使是一些十分坚硬的植物,它也照吃不误,因为它的颊齿到一定时期就会自动更换,一点也不怕损坏。

◎ 两足胜四足

幼年禽龙的前肢相对较短,所以只能以后肢行走。而成年禽龙一般情况下会用四肢行动,但行动起来较为缓慢。不过当被敌人追捕时,它们就会用两条粗壮的后肢站起来逃跑,奔跑时速甚至可达35千米,要比四足行走时灵活很多呢。

◎ 错安的"钉子"

禽龙最显著的特点要数它的大拇指钉了。这两个尖锐的长钉长在禽龙一对前肢的拇指上。一旦被惹急了,禽龙就会站起来,举起爪子,用这两个长钉狠狠地戳敌人的脖子。不过禽龙性格温和,遇到袭击时大多数情况下还是会选择逃跑。

但有趣的是,科学家在首次复原禽龙造型时,它的两个拇指钉还曾经被当作尖角放在了鼻子上。直到几年后,人们才发现,禽龙的这两个"钉子"原来是长在前肢的手指上的。

◎ **水中避敌**

禽龙是温和的草食性恐龙,一般会选择用奔跑的方式来逃避捕猎者。但有时候实在跑不过且附近刚好有河流时,禽龙就会选择到水中避一避。

禽龙不惧怕水,反而很喜欢水,甚至可以完全不呼吸在水中待上一小段时间。因此当敌人追来时,它们最喜欢往有水的地方跑,然后一头扎进水里直到危险解除。

◎ **不称职的父母**

禽龙喜欢在潮湿温暖的地上用爪子挖一个圆形的坑,然后把卵产在里面。可是成年的禽龙并不关心幼龙,就算眼瞧着孩子们有危险也不会过去帮忙,真是不称职的父母。

弯龙：弯曲的骨头

生活时代：侏罗纪晚期至白垩纪早期
化石分布：欧洲西部、美国西部
家族：鸟臀目鸟脚类
食性：植食性

◎弯曲的大腿骨

弯龙的平均身长为6米，平均体重为785～874千克。最大的成年弯龙长达7.9米，体重约1吨。它的体形比同时代的橡树龙、德林克龙等都大。

弯龙体形庞大，和禽龙长得很像。它前肢短，后肢长，大部分时间用两条后肢行走，有时也会四肢着地，俯身去吃低处的植物。因为弯龙的大腿骨和别的恐龙不一样，是弯曲的，所以才会被叫作弯龙。

◎骨头重，跑得慢

弯龙的骨头很重，因此它走起路来总是慢腾腾的，很容易成为肉食性恐龙的猎食目标。由于没有什么防御武器，在遇到敌人时为了活命，弯龙只能拖着笨重的身体拼命地跑了。

不过如果面对的是善于奔跑的肉食性兽脚类恐龙，弯龙可就惨了。这些狡猾的捕猎者总是趁它低头进食、完全没有警戒心的时候，搞突然袭击。

如此一来，弯龙往往还来不及跑两步，就被捕猎者咬住颈部丢了性命。

◎ 与蟋蟀争名

1879年,古生物学家曾把新发现的弯龙命名为"Camptonotus",意思是"可以弯曲的背"。

但是,这个名字此前已经命名给一种蟋蟀了,于是,这种恐龙便成了一个没有名字的可怜虫,直到1885年,它才有了现在这个名字——弯龙(Camptosaurus)。

◎ 顺畅地进食

弯龙的叶状牙齿长在嘴的后端,并且拥有骨质次生颚,这就使得它在进食的同时可以顺畅地呼吸。

要知道早期的草食性恐龙在吃东西的时候是不能呼吸的,因此不能细嚼慢咽,而弯龙的这一构造就比以前的恐龙有了进一步的发展,更适合生存。

◎有趣的眼睑骨

弯龙的眼眶外面有一块突出的骨头,也就是眼睑骨。这块长相奇怪的骨头是作什么用的呢?它是否像骆驼的眼皮一样,能够阻挡沙子呢?还是纯粹的装饰物呢?

直到现在,古生物学家也没有弄明白这块骨头的用处,这也是恐龙世界里众多的未解之谜之一。

重爪龙：超级捕鱼高手

生活时代：1亿3000万～1亿2500万年前的白垩纪早期
化石分布：英国、西班牙、尼日尔
家族：蜥臀目兽脚类
食性：肉食性

◎最爱吃鱼

猫爱吃鱼，想必大家都知道，但是你听说过爱吃鱼的恐龙吗？这种奇特的恐龙名叫重爪龙，科学家曾在它的化石里发现了一条超过1米的鱼的残骸，所以对于吃鱼的事实它想抵赖都不行了呢。

重爪龙的前肢非常强壮，前肢顶端有三根强有力的手指，特别是它的拇指，不仅又粗又壮，上面还长了个超过30厘米的

镰刀形钩爪呢！重爪龙的名号真不是白叫的，用这样的爪子捞鱼，成功率一定很高。

重爪龙的脑袋又扁又长，形状和凶恶的鳄鱼有几分相似。虽然头长得不好看，却很实用。据科学研究发现，这种头骨具有很好的弯曲度，可以自由地弯曲。这样一来，它们就能快速改变头部方向，方便捕捉游得较快的鱼。

重爪龙的牙齿比一般肉食性恐龙要多得多，一共有96颗，而且不像其他肉食性恐龙那样是锯齿形的，它的牙齿呈圆锥形，表面还有纹路，很适合咬住滑溜溜的鱼。

◎狡猾的"渔夫"

重爪龙真是个狡猾的"渔夫"，在它的上颌前端下缘还长了一个转折段，这样就算鱼儿想从它的嘴里逃脱，也会被牢牢地挡住。

◎ 名字由来

重爪龙与大多数兽脚类恐龙不同，它的头部扁长，细窄的上下颌中长着96颗锯齿状的牙齿，头形与现代的鳄鱼很像。重爪龙的掌部有三只强有力的手指，特别是拇指，粗壮巨大，并且长有一只超过30厘米长的镰刀状钩爪，重爪龙的名称便是由此得来的。

◎ 有些害羞

重爪龙捕鱼时，会将强壮的指爪伸进河里一动不动，直到看准游过来的鱼儿，才一爪抓过去，一抓一个准。这种捕鱼的方式，与灰熊捕鱼的方式非常像。

重爪龙虽然贪吃，却很怕被其他恐龙看见它的吃相。所以它每次抓到鱼，并不会急着狼吞虎咽，而是先用嘴叼着鱼左瞅瞅，右看看，然后小心地把鱼叼进没有同类的蕨类树丛中。一切安排妥当，它才会慢慢享用到口的美食呢！

◎ 被吓了一大跳

重爪龙的爪子不仅捕猎厉害，吓起人来也同样厉害呢！

1983年，在英国的萨里尼日地区，英国业余收藏家威廉·沃克偶然发现了一个恐龙的爪子化石。

不过，当威廉发现这个从未见过的化石标本时，不仅没有欣喜万分，反而着实被吓出了一身冷汗，因为这爪子实在是太大了。

不过这一吓可没有白吓，为了纪念威廉·沃克的重大发现，古生物学家就用他的名字来命名这只恐龙。于是，重爪龙又被称为"沃克氏重爪龙"。

小盗龙：体形更像鸟的恐龙

生活时代：1亿3000万～1亿2550万年前的白垩纪早期
化石分布：中国辽宁
家族：蜥臀目兽脚类
食性：肉食性

◎ 更像一只鸟

在中国辽宁地区，科学家们发现过一种体形更加近似鸟类的恐龙，那就是小盗龙。

小盗龙是目前已知最小的、体形最接近鸟类的恐龙。它与始祖鸟长得有些像，身材娇小，体长55～70厘米，与一只大公鸡差不多大。

小盗龙的前肢和后肢都覆盖着厚厚的羽毛,形成双层翅膀,就好像滑翔伞一样,可以让它们在较低的空中滑行。

它们还有一条长长的尾巴拖在身后,而尾巴上同样覆盖着羽毛,主要用于滑翔时控制方向和保持平衡,有时还可以协助四肢以提供更强劲的飞行动力。

它的头部拥有高起的羽毛冠饰,也类似某些现代鸟类。

◎排名第六

全球先后发掘出的长着羽毛的恐龙依次为:中华龙鸟、原始祖鸟、尾羽龙、北票龙、千禧中国鸟龙,小盗龙是第六种被发现的长着羽毛的恐龙。

◎ 身披彩衣

小盗龙是地球上最早出现彩虹色光泽的恐龙。它的羽毛在阳光的照射下，会发出黑色和蓝色的光芒，与现在的乌鸦或者美洲黑羽椋鸟类似。

而研究人员认为，这种色彩斑斓的光泽或许能让小盗龙的尾羽对交配对象更具有吸引力。

◎ 在树上生活

小盗龙身体轻盈，更适合在树上生活。因为脚部的羽毛会妨碍它们在地面上的活动，在遇到危险时无法通过快速奔跑来逃脱，所以树上的生活对于小盗龙来说更加安全。它们可以凭借丰满的羽毛，在较短距离内的树木之间自由地来回滑翔。

◎ 高处捕猎法

身材娇小的小盗龙通常喜欢停留在稍高的树枝上，它的视力很好，因此它总是居高临下，不停地转动灵活的双眼，监视着地面上小型猎物的一举一动。

一旦发现动静，它就会飞快地从树枝上俯冲下来，捕捉林中的小昆虫。

鹦鹉龙：长着一张鹦鹉嘴

生活时代：1亿3000万~1亿1000万年前的白垩纪早期
化石分布：中国、蒙古、泰国、俄罗斯
家族：鸟臀目角龙类
食性：植食性

◎ 因嘴得名

因为它长着一张酷似鹦鹉的带钩的嘴，所以才有了鹦鹉龙的名字。鹦鹉龙身长最长的可达1.5米，一般体长在1米左右。

它们觅食时，会先用坚硬的喙和锋利的牙齿把植物切断、咬碎，但与后来的角龙

不同，鹦鹉龙的口腔内并没有适合咀嚼或磨碎植物的牙齿。所以它们只能像现在的鸟类一样，不时吞一些小石子，以便把胃里的食物磨得更细，更容易被消化吸收。

◎ 温暖的一家

鹦鹉龙不像前面所说的腕龙、禽龙一样，对自己的宝宝毫不关心，相反它们极富爱心。鹦鹉龙妈妈可以抚养30~40个鹦鹉龙宝宝，虽然并不一定都是自己的孩子，却也能尽心尽力地照顾。

在中国辽宁地区，古生物学家就曾经发现过一组奇特的化石群：34头小鹦鹉龙围在一头成年鹦鹉龙身边。这些小鹦鹉龙的体长才23厘米左右，且头颅骨全部朝上，一副小鸟等待大鸟喂食的模样。

因为鹦鹉龙有养育子女的习性，所以古生物学家认为这应该是一个恐龙家庭，不过他们至今还没有弄清楚那只成年鹦鹉龙到底是雌性的还是雄性的。

◎角龙的祖先

南朝梁代著名文学家任昉编写的《述异记》中写道:"蛟千年化为龙,龙五百年为角龙。"看来,角龙就是中国人认为的龙中的老者了。

而鹦鹉龙和三角龙等角龙类恐龙有着密切的血缘关系,如原角龙、三角龙等角龙类恐龙,它们都和鹦鹉龙一样,长着一张类似鹦鹉的带钩的嘴。

古生物学家通过研究,以及从鹦鹉龙的体形及其生存的年代推断,它可能是大部分角龙类恐龙的祖先。

◎贡献巨大

最早的鹦鹉龙化石是在蒙古南部戈壁沙漠发现的,这种恐龙在我国也分布较广。鹦鹉龙是一种小型恐龙,已出土的鹦鹉龙化石个体长

度大多为1~2米。

目前，科学家已经发现的鹦鹉龙化石超过400具，其中还有不少骨骼十分完整，从幼年到成年都有，是发现化石较多的恐龙种类之一，对人类研究恐龙可是贡献巨大呢。

◎ 小小鹦鹉龙

在美国自然历史博物馆内，存放着一具完整的鹦鹉龙幼体化石标本。该化石显示，这头小鹦鹉龙的体长只有11~13厘米，头颅骨更是仅长2.8厘米，和一只小老鼠差不多大，真是小得可怜呢。

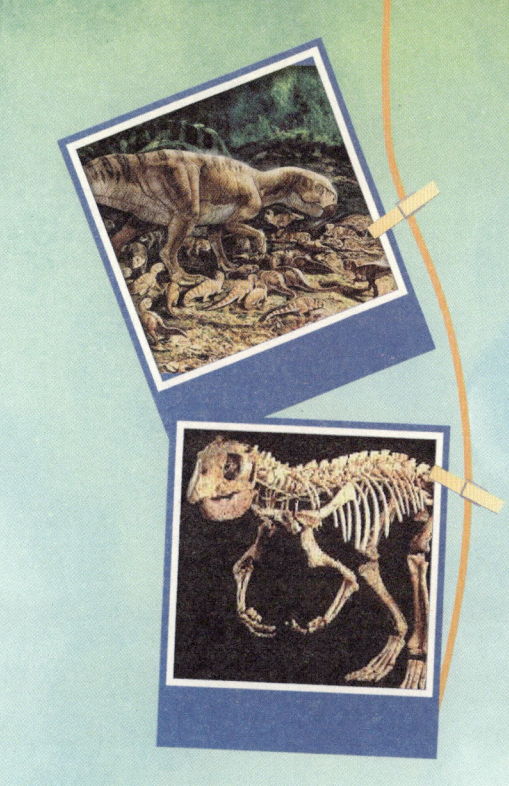

棘龙：长着"风帆"的蜥蜴

生活时代：1亿4400万～6500万年前的白垩纪中晚期
化石分布：非洲
家族：蜥臀目兽脚类
食性：肉食性

◎ 有棘的蜥蜴

棘龙因为其独特的帆状物、巨大的体形而著名。棘龙的身长达到17米，接近不少大型植食性恐龙的身长，把其他肉食性恐龙远远甩在身后，是当时陆地上最大的肉食性恐龙。

棘龙又叫棘背龙，意思是"有棘的蜥蜴"。它的外形看上去丑陋而怪诞：长着一个大大的脑袋，有着一口锋利的牙齿。它的前肢比后肢要短小一些。大部分时间，棘龙用后肢走路，当然它也能用四肢行走。

◎背上有面"帆"

棘龙背部有很多突起的骨头,表皮覆盖在这些骨头上,看起来就像小船上扬着的帆。这张"帆"由一连串长长的脊柱支撑,每一根脊柱都是从脊骨上直挺挺长出来的,使得这张"帆"既不能收拢,也不能折叠。

大多数科学家都认为这张"帆"是为了更好地吸收热能。早上,棘龙用帆状骨板吸收太阳的热能,使身体里的血液升温,从而增加身体的灵活度。然后,棘龙就会趁着其他恐龙还没完成热身运动而去攻击它们,成为那片土地上真正的王者。

除此以外,科学家还认为这"帆"是用来炫耀的。谁的帆最大最美,谁就拥有统治权。

◎ 著名化石

棘龙化石发现于非洲的埃及和摩洛哥。1912年,德国古生物学家恩斯特·斯特莫在埃及的拜哈里耶绿洲发现了第一具棘龙化石。经过三年的研究,斯特莫于1915年为棘龙命名。

而意大利国家自然历史博物馆的研究员克里斯蒂阿诺,在经过研究分析后认为,棘龙的体形超越之前人们所知道的任何一种肉食性恐龙。他的这一结论也获得了其他科学家的认可。

2014年,一具新的高完整度棘龙化石在位于摩洛哥境内的撒哈拉沙漠被挖掘出土。

◎ 与霸王龙决高下

体形几乎与霸王龙一样巨大的棘龙,是非洲特有的恐龙。虽然,它不如霸王龙那么有名气,但是从它的体格和满口利牙来看,棘龙肯定是一种和霸王龙一样可怕的肉食性恐龙。

在2001年上映的美国电影《侏罗纪公园Ⅲ》里，棘龙被描述成比霸王龙更大、更强壮的动物，甚至在一场打斗中击败了霸王龙。

但在现实中，棘龙与霸王龙生存在不同的大陆，出现时间也相差了数百万年，因此它们之间绝不可能发生决斗。

尾羽龙：像鸟却不是鸟

生活时代：约1亿2700万年前的白垩纪早期
化石分布：中国
家族：蜥臀目兽脚类
食性：杂食性

◎像鸟不会飞

与喜欢栖息在树上的小盗龙不同，尾羽龙一点儿也不会飞，甚至连滑翔也不会，它喜欢在地上安家。虽然它外形长得像鸟，但与鸟儿真的没有一点关系。

尾羽龙的身体表面覆盖着不同类型的羽毛。它的尾巴顶

端长着一束呈扇形排列的尾羽，前肢上也长着一排羽毛，上面有羽枝和羽片，和现代鸟类的羽毛非常相似。由于羽毛短小又对称，以及它的前肢很短，所以尾羽龙是不会飞行的。

◎ 长得虽像却非一家

尾羽龙长着羽毛却不是鸟的事实告诉我们：科学不能光凭经验与假设，如果我们发现长羽毛的动物化石，必须仔细观察它的骨骼形态，才能确定它究竟属于鸟类还是肉食性恐龙，因为长羽毛的动物未必都是鸟类。

从尾羽龙的发现来看，动物身上长羽毛的最初功能并不是为了飞行，而是为了保暖或者吸引配偶等。因此羽毛

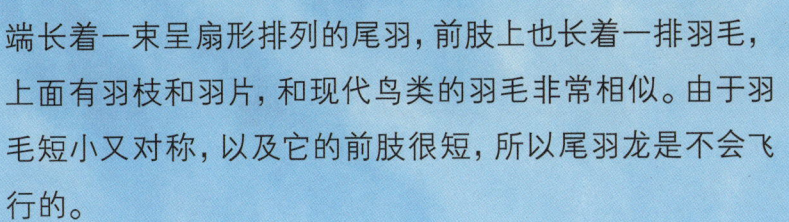

不能作为鉴定鸟类的特征,因为羽毛发生在鸟类出现之前。所以,当我们看到一头身披羽毛的恐龙,可不能简单地认为它一定与鸟有什么亲缘关系。

就像尾羽龙,它虽然与始祖鸟的个头差不多,甚至有些化石连姿态都非常相似,但是它们属于两类完全不同的动物。尾羽龙的前肢上长有爪子,它的骨骼构造也证明它不属于鸟类。

◎误导人的胃石

尾羽龙被认为是一种杂食性动物,科学家发现尾羽龙化石时,曾在它的胃部发现过许多小石子。它们与现代鸟类胃中常有的胃石所起的作用相同,即帮助磨碎食物,促进消化。

但是,这一现象在兽脚类恐龙中可是绝无仅有的,大部分兽

脚类恐龙都是肉食性的,这也难怪尾羽龙常常被误认为与鸟有亲缘关系了。

◎奔跑健将

尾羽龙不仅后肢长而有力,身体轻巧,而且它前肢的第一根脚趾为了适应生存,已退化升高,脚趾比例也很适合奔跑。因此,就像跑得最快的鸟——鸵鸟一样,尾羽龙可以说是不折不扣的跑步能手呢。

◎研究价值

在中国辽宁西部地区,古生物学家们找到了很多长着羽毛的恐龙化石,尾羽龙就是其中非常重要的一种。它是一种真正意义上的与现代鸟类相似的带羽毛的恐龙。

尾羽龙化石的发现,为古生物学家研究鸟类起源和恐龙与鸟类的关系提供了非常重要的信息。

恐爪龙：从头武装到脚的怪兽

生活时代：1亿1500万~1亿800万年前的白垩纪早期
化石分布：美国
家族：蜥臀目兽脚类
食性：肉食性

◎化石发现

恐爪龙的第一具化石，是1931年由美国古生物学家巴纳姆·布朗所带领的研究团队在美国蒙大拿州南部发现的。当时，布朗主要想发掘并处理一具腱龙的遗骸，没想到却有了这样意外的收获——在离腱龙化石不远的地方，竟然还存在一具新的小型肉食性恐龙化石。但因陷在石灰岩中难以做清洁处理，他们的发现最终没有完成挖掘工作。

33年后，从1964年8月开始，英国古生物学家约翰·奥斯特伦姆率领的挖掘团队发现了超过1000块恐爪龙的骨头,他将这种恐龙命名为"平衡恐爪龙"。

这种恐龙的发现具有十分重要的意义,因为在这之前,人们一直以为恐龙都是一些小脑袋、行动迟缓的爬行动物,正是恐爪龙的出现,改变了人们的认知。

◎ **恐怖之爪**

恐爪龙体长约3.4米,重约25千克。与其他恐龙比起来,它只是个不起眼的小家伙。但你别小看它,它可是一种非常可怕的动物。

恐爪龙跑起来快如疾风，攻击时更是凶猛无比。恐爪龙的每个脚趾上都有巨大的镰刀状利爪，尤其是后肢的第二个趾上还有个长约12厘米的利爪，被称为"恐怖之爪"。

这个利爪可以任意调整角度，在攻击猎物时，恐爪龙常常利用两个前肢抓住猎物，然后用一个后肢和长尾巴着地支撑身体，另一个后肢则举起镰刀一样的利爪，从最佳角度刺入猎物体内，最后将猎物开膛破肚，置于死地。

因此，对于那些可怜的猎物来说，恐爪龙的爪子真是名副其实的"恐怖之爪"，见者胆寒。

◎头脑聪明

恐爪龙不但爪子利害，而且头脑还很聪明，真可谓是高度武装的恐龙，战斗力超强。恐爪龙的脑容量较大，同时它拥有

一双大大的眼睛，视野清晰，能够看到很远处的猎物，真称得上是一种聪明而又身手矫健的杀手级恐龙。

◎集体行动

虽然恐爪龙的单兵作战能力很强，但它们还是更倾向于集体狩猎，因为这样便可以去捕食体形比自己大得多的恐龙了。

捕捉大型猎物时，它们会群起而攻之，一起凶狠地扑向猎物，在猎物身上划出一道又一道伤口，使猎物因失血过多而死。接着，它们就可以一起分享美食了。

◎有力证据

恐爪龙的身上已经进化出了羽毛，尤其是前肢，已有羽毛披覆，这成为"鸟类是由爬行动物进化而来"的十分有力的证据。

豪勇龙：勇敢无畏的剑客

生活时代：约1亿1000万年前的白垩纪早期
化石分布：非洲
家族：鸟臀目鸟脚类
食性：植食性

◎ 长相独特

豪勇龙身长约7米，几乎有两辆小轿车那么长，是以两足或四足行走的大型草食性恐龙。豪勇龙的外形有一些独特的特征：眼睛上方有个低矮的隆起，还有个像鸭子那样的喙，背上长有用来支撑背帆的骨板。

◎ "帆"的作用

豪勇龙背上那竖着的一张从肩部一直延伸到尾巴的大"帆",十分醒目。

这是因为豪勇龙生活的地方白天非常炎热,而夜间又非常寒冷,昼夜温差很大,而背帆便可以帮助它们保持体温的稳定。

每当白天来临,经历了一夜寒冷的豪勇龙会侧身站立,让太阳直射帆面,背帆上皮肤内的血液在阳光的照射下,会起到聚热板的作用。而到了炎热的午间,豪勇龙又会调整站立位置,通过背帆来散热。听起来这个背帆就像一台全天然的节能空调,非常实用。

◎ 不同的声音

有一些科学家并不同意前文所提的那些关于"帆"的说法。他们认为豪勇龙背上的"帆"是隆肉,类似美洲野牛那样的隆肉。

持这种观点的科学家认为:豪勇龙的隆肉可能用来储藏脂肪或水,在天气干旱、缺少食物的时候用来维持生命,就像骆驼的驼峰一样。另外,隆肉也可能有吓退敌人的作用,它能使豪勇龙看起来比实际体形要大一些,这样就能威吓竞争对手或掠食者了。

◎ 进攻利器

豪勇龙和禽龙一样,前肢的每只掌上都有一个长长的拇指钉,只是尺寸上较禽龙的稍小一点罢了。

一些肉食性恐龙经常在豪勇龙进食时发动攻击,而豪勇龙算不上是机灵敏捷的动物,所以它的拇指钉就是最有用的防卫武器。拇指钉能像锋利的宝剑一样刺伤进攻者,从而为自己赢得逃脱的机会。

◎ 两足跑得快

豪勇龙平时喜欢四肢着地,悠闲地在广袤的平原上散步,寻找它最爱吃的苏铁类植物和早期开花植物。但它们四足行走的速度很慢,万一遇到危险,它们就会站立起来,用两条后肢迅速奔逃。

◎ 能屈能伸

豪勇龙四肢着地的时候,前肢的钉状手指会向内弯曲,变成可以承重的"脚",等到用后肢站起来时,手指又会重新伸出来,便于奔跑。这些手指可屈可伸,看起来真是非常有趣呢。

与成年豪勇龙不同,小豪勇龙在任何时候都只能利用后肢行走,因为它们的前肢实在太短了,如果四肢着地非得跌个大跟头不可。

似鸟龙：恐龙中的窈窕淑女

生活时代：约9000万年前的白垩纪晚期
化石分布：加拿大、中国内蒙古
家族：蜥臀目兽脚类
食性：杂食性

◎ **长相淑女**

在恐龙这个大家族中，兽脚类算是其中的名门望族，像著名的始盗龙、窃蛋龙等都是这个家族的成员。

相对于家族中的其他成员，似鸟龙更像一个淑女，它的体形苗条、修长，和现代的鸵鸟、鹅

鹕很相似。

除了曼妙的身材,似鸟龙还有一条美丽的长尾巴,使它的体态看起来更加轻盈。此外,似鸟龙还有一双很大的眼睛,长在小小的脑袋上显得十分精神优雅。

◎生活讲究

似鸟龙不仅长相淑女,生活上也很讲究呢。虽然它也吃肉,但在吃东西时,它却相当优雅,绝对不会像其他肉食性恐龙一样张着血盆大口。

而且似鸟龙平时最喜欢吃的大多是一些高纤维的植物和水果,这些东西水分含量很足,营养也很丰富。只不过为了营养均衡,它才隔三岔五抓一些小动物来吃。

◎跑得飞快

似鸟龙双腿修长,其腿的长度竟然跟身体和脖子一样长。奔跑时,它的头能上下快速摆动,前肢紧贴身体,速度相当快,能胜过当时的大多数肉食性恐龙。

◎捕猎有绝招

似鸟龙虽然身体轻盈,但也有自己的绝招,对付一些小动物还是绰绰有余的。

似鸟龙长着非常有力的三趾脚,这样的脚趾能牢牢地抓住地面,不仅利于它奔跑,还能够在靠近猎物时,用修长的带爪的前肢给予对方致命的一击。所以一般的小动物根本不是它的对手,很难逃脱它的追捕。

同时,似鸟龙那双大眼睛的视力可是好得出奇,视野也十分开阔。此外,它还练就了独特的夜视能力,在夜间也可以轻松觅食。

◎远古灾难

1978年,一位中国地质学者在内蒙古西部的戈壁沙漠中发现了一块似鸟龙的骨头。20年后,中日合作团队在此挖掘了第一具骨骼,并将其命名为中国似鸟龙。

2001年,由中美两国古生物学者组成的发掘小组在这一区域扩大了发掘面积,一块接一块的恐龙骨骼化石被发掘出土,总计超过25具个体骨骼化石被复原。根据这些恐龙的骨骼测定,它们的年龄从1岁到7岁不等。

这些似鸟龙骨骼化石的发现,证实了一次远古灾难的发生。这些骨骼位于同一平面,但它们的后腿都深深地陷入泥潭中。这说明它们是被困在泥潭中逐渐死亡的,泥潭周围的骨骼分布显示,它们在死亡前曾试着逃脱,却没有成功。

窃蛋龙：被冤枉的小偷

生活时代：8800万~7000万年前的白垩纪晚期
化石分布：中国内蒙古
家族：蜥臀目兽脚类
食性：杂食性

◎ 运动能力强

窃蛋龙身长约2米，大小和一只鸵鸟差不多。窃蛋龙不仅前肢强壮，后肢修长有力，而且它可以像袋鼠一样，用强有力的尾巴来保持身体平衡，因此窃蛋龙的运动能力超强，奔跑起来又快又稳。

窃蛋龙的前肢有3根长长的"手指","手指"上有尖锐弯曲的爪子。第一根"手指"就像人类的大拇指,可以弯曲成弧状,这样就能与其他两根手指相配合,把猎物牢牢地抓住了。

◎历史冤案

窃蛋龙之所以得了"窃蛋"这个恶名,是因为1923年俄罗斯古生物学家德鲁斯的发现。他发现的那具恐龙骨架正卧在一窝恐龙蛋化石上。因为它的喙和鸟儿的喙相似,且喙里没有牙齿,所以科学家推测它会先把其他恐龙的蛋含在嘴里偷走,再用力把蛋敲破,然后吃到肚子里。

可怜的窃蛋龙就这样背上了"黑锅",虽然后来的证据表明,窃蛋龙卧在蛋上其实是在孵蛋,但是,根据《国际动物命名法规》,窃蛋龙的名字是不能随意更改的。

虽然窃蛋龙并没有偷蛋,但这个"黑锅"还要一直背下去,这听起来是不是很心酸呢!

◎吃素也吃肉

窃蛋龙除了食用有限的植物果实以外,也会利用它喙部十分坚硬的骨质尖角去找寻其他的食物,因为它能够很容易地刺穿软体动物的外壳,所以古生物学家推测它可能是一种杂食性恐龙。

◎节能孵蛋法

窃蛋龙喜欢群居生活,成年窃蛋龙会把蛋产在事先用泥土筑成的圆锥形的巢穴中。它们的巢穴中心大多深约1米,直径2米,每个巢穴相距7~9米。

窃蛋龙因为个子比较小,不容易孵化一整窝蛋,所以聪明的窃蛋龙妈妈就想了个办法:把植物的叶子覆盖在巢穴上,让植物在腐烂的过程中产生孵化所需的热量,使蛋自然孵化。

◎长得像火鸡

窃蛋龙是最像鸟类的恐龙之一，它的体形较小，很像火鸡。尤其是窃蛋龙的胸腔，拥有典型的鸟类特征，比如每根肋骨上都有一个突起物，使胸腔更坚固。原始的窃蛋龙化石上曾发现羽毛压痕，这显示它们的身体上覆盖着大面积的羽毛。

窃蛋龙在外形上最明显的特征是头部短，而且头上还有一个高耸的骨质头冠，非常显眼。

窃蛋龙的口中没有牙齿，但是喙部有两个锐利的骨质尖角。这对尖角就像叉子一样，有类似于牙齿的功能，其作用和现在鹦鹉的喙差不多。

慈母龙：
最有爱的恐龙父母

生活时代：8000万～6500万年前的白垩纪晚期
化石分布：加拿大、美国
家族：鸟臀目鸟脚类
食性：植食性

◎ 名字来源

1979年，在美国蒙大拿州，科学家们发现了一些恐龙窝，并在里面找到了小恐龙的骨架，于是他们把这种恐龙命名为"慈母龙"。它的学名"Maiasaura"如果直译的话，就是"好妈妈蜥蜴"。

慈母龙身长约9米，体重逾4吨，有一个像马一样长长的头。慈母龙的眼睛上方有一个实心的小小的骨质头冠，这可能是雄性慈母龙之间的争斗武器,以此来确定自己在群体中的统治地位。

◎ 富有爱心

正如它的名字一样,慈母龙最显著的特征就是极富爱心。它们产卵前会先筑窝,并喜欢把窝筑在比较高的地方。这样它们即使待在窝里,也能居高临下,及时发现敌情。

下蛋之前,慈母龙还会用柔软的植物垫在窝底,然后在"装修"好的窝里产蛋,一次大约产18~40枚。而同时,雄性慈母龙会守护在旁,以保护"母子"的安全。

此后,雌性慈母龙会像鸡妈妈一样,卧在蛋上保持蛋的温度。当慈母龙妈妈饿了,需要外出寻找食物时,它还会拜托其他成年慈母龙帮忙看护自己的恐龙蛋呢。

◎ 15岁才能独立生活

在慈母龙父母的悉心照料下，小恐龙相继出世了。随后，小宝宝们仍然会得到父母的精心照顾。喂食时慈母龙父母会仔细地将坚硬的植物嚼碎，然后喂给小恐龙吃。这些小恐龙每天要吃掉几百斤鲜嫩的植物，慈母龙父母就会不辞劳苦地到处寻找食物。

小恐龙会一直与父母同住，直到它们长到能离开家自己出去寻找食物为止，而那个时候，小慈母龙已经15岁了。这样看来，慈母龙真是尽心尽职的好父母啊！

◎ 随时保持警惕

慈母龙虽然身形较大，但是身上却没有什么可用的防御物来抵抗掠食动物，因此它们喜欢集体行动，而且这些慈母龙群体非常庞大，最多时群体数量可达一万只呢。

而当一群慈母龙在悠闲地吃着树叶时，总有一只身体强壮的慈母龙在附近承担警戒任务，以防敌人发动突然袭击。

◎ 太空首秀

在腔骨龙进入太空旅行之前，慈母龙的头骨已于1995年进入太空，它可是第一具进入浩瀚宇宙的恐龙化石。

但由于缺乏报道和宣传，这次史无前例的太空之旅并未引起广泛关注，知者寥寥，以至于很多人都以为1998年随"奋进"号航天飞机上天的腔骨龙才是第一具进入太空的恐龙化石。

尖角龙：长得像犀牛

生活时代：7650万～7550万年前的白垩纪晚期
化石分布：加拿大
家族：鸟臀目角龙类
食性：植食性

◎ 长相醒目

在白垩纪晚期的加拿大阿尔伯塔省地区，尖角龙正三五成群地游荡在河岸边和森林里，寻找着可口的植物。不止尖角龙，同时期有许多恐龙生活在这个植被丰茂的地方，要从它们中认出尖角龙，并不是件难事。

尖角龙身长约6米，体重近3吨，它的身长差不多和一头成年亚洲象一样长，而高矮则和一个成年人差不多。它用粗壮的四肢支撑着笨重的身体，短而宽的脚趾扇子似的撑开，有助于分散体重。

尖角龙的鼻骨上方长着一个尖尖的角,因此看起来和现在的犀牛很像,只是它有一个犀牛所没有的骨质颈盾。这个颈盾又厚又硬,周围还长有一圈棘刺。而且颈盾的颜色也很亮丽,在繁殖季节可以吸引异性的注意。

◎ **最佳武器**

大大的颈盾和长长的尖角是尖角龙保护自己的最佳武器。每当敌人来进攻时,坚硬的颈盾可以保护它薄弱的脖子不至于被攻击者一口咬中;而那锋利的尖角则可以用来进攻,一举刺穿敌人的厚皮,将它们的肚子刺穿。

面对这样有威胁性的防御武器,不少肉食性恐龙在攻击尖角龙前,都得三思而后行呢!

◎像候鸟一样迁徙

尖角龙生活的地方水草丰美，但每年夏天，它们还是会像候鸟一样，到气候温和、植物生长较快的北方去。这是一次艰苦而危险的长途旅行，尖角龙们每天要行走100多千米。而且，在行走过程中，一旦发生意外，很容易惊慌失措的尖角龙常常会因为过于混乱而踩死自己的同伴。

如1985年，在加拿大的"恐龙公园"阿尔伯塔，人们竟发现有数百具尖角龙的骨骼化石埋在一处，其中各个年龄段的尖角龙都有。它们是同时死亡并被埋葬的。在白垩纪末期，究竟发生了什么不得了的事情，使这么多恐龙同时遇难？

一些古生物学家分析：8000万年前，一大群尖角龙扶老携幼，浩浩荡荡向远方迁徙，去寻找新的食源。谁知在它们过河的时候，山洪暴发，河水水位猛涨，波涛翻滚咆哮。尖角龙惊恐万分，你推我挤，互相踩踏，许多弱者被淹死在河中，并很快被泥沙掩盖，千百万年后遂变成了化石。

◎ 晃晃脑袋也很累

尖角龙的颈盾巨大而笨重，表面有许多小孔，可以用来减轻头的负担。但即便如此，尖角龙拖着这样沉重的颈盾，就算想轻轻晃一晃脑袋都成了一件极其困难的事。

不过幸好，尖角龙的颈关节强壮且灵活，所有颈椎骨都紧紧地锁在一起，有极强的抗压性，还能保证头部自由转动。

◎ 亲戚厚鼻龙

厚鼻龙的鼻孔和眼睛上方，长有厚厚的骨垫，雄性厚鼻龙间可能利用这块骨垫相互推搡。它的头后面也有大大的颈盾。它和尖角龙一样生活在加拿大的阿尔伯塔省地区。

盔龙：戴着头盔好威风

生活时代：8000万~6500万年前的白垩纪晚期
化石分布：美国、加拿大
家族：鸟臀目鸟脚类
食性：植食性

◎ **长大的标志**

在恐龙家族里有一种戴着头盔的龙。想象一下，恐龙戴着安全头盔的样子，是不是有些可笑？不过这种恐龙可喜欢自己的"头盔"了，动不动就要摇首弄姿炫耀一番。这种有趣的恐龙就是盔龙。

但盔龙的"头盔"可不是想有就有的哦。雌性盔龙的头冠都比较小，只有成年的雄性盔龙才拥有比较大并且完全长成的头冠。而较年幼的盔龙的头冠更是小得几乎看不见，只不过在它们的眼睛上方有一个小小的突起罢了。

◎ **没有牙齿的鸭子脸**

盔龙是一种大型恐龙，身长约10米，相当于一辆公共汽车的长度。如果它用后肢站立起来，足有两层楼那么高。

盔龙的喙里一颗牙齿也没有，但是嘴里有上百颗牙齿，平时它就用喙切断细枝或树叶，再送入后面成排的牙齿间慢慢咀嚼。

盔龙长着鸭子一样的脸，头上有一个高高的头冠，这就是它们最显著的标志。这顶"帽子"不仅引人注目，有吓唬敌人的作用，同时还能起到标志物的作用。

◎恐龙乐队

科学家们认为,盔龙的脸上有皮囊,可以鼓成球形发出声音,像青蛙一样发出呱呱声。这种声音可以给恐龙群传递信号,比如哪里又发现了鲜美的食物,哪里有天敌肉食性恐龙出没等。

这个皮囊还有另外一个功能,就是吸引异性。由于盔龙的鸣叫声各不相同,当许多盔龙同时高高低低呱呱呱地叫起来,就好像一支正在演奏的乐队,非常有趣。

◎会游泳的恐龙

盔龙很聪明,不仅因为它的眼睛和耳朵很灵敏,能够早早地发现即将来临的危机,而且它还有很强的生存技能,比如游泳。

虽然盔龙跑得不算慢,但一旦遇上天敌,笨重的身体还是常常使它处于危险之中。幸好它会游泳,遇到危险还可以跳入湖中慢慢游向对岸或远处,不会游泳的肉食性恐龙只能无奈地站在岸边,看着盔龙从眼皮子底下逃脱。

◎尽职的联络员

盔龙有时候会和其他鸭嘴龙类的恐龙临时组队,一起

生活。在这个临时组成的队伍里，盔龙独特的头冠就成了群体的"中心标志"，使大家能很好地聚拢在一起。而且个子高高的盔龙除了具有敏锐的视觉和嗅觉，还很机警，因此对恐龙群体来说，它可是个难得的尽职的联络员呢。

◎ 毁于战争的珍贵化石

1912年，人们在加拿大的红鹿河附近，发现了一具特别完整的盔龙骨骼，而更惊人的是，在这件化石标本中，盔龙的皮肤也被很好地保存了下来。

但到了1916年，当这件珍贵的标本被运往英国时，第一次世界大战的战火使这艘船沉没在大西洋里，所有化石标本随之沉入洋底，再也找不到了。看来，战争不仅让人类遭受创伤，也使得许多贵重的文物损毁、珍稀的动物死亡，因此，为了人类，为了动物，让世界和平相处吧！

戟龙：盾牌上插利剑

生活时代：7650万～7500万年前的白垩纪晚期
化石分布：加拿大、美国
家族：鸟臀目角龙类
食性：植食性

◎吓人的花架子

戟龙有一个大大的颈盾，颈盾边缘还长着一圈剑一样的骨刺，很像戏台上古代战将背后插着的一排画戟，看起来威风极了！

戟龙身材中等，身长约5.5米，高约1.8米，重约3吨。虽然身体强壮，外表凶狠，但戟龙从不惹是生非，它们更喜欢过悠闲的集体生活，遇到敌人也从不轻易宣战，只要轻轻晃一晃脑袋，一些胆小的敌

人便被吓跑了。

所以，这些骨刺通常只是戟龙用来威胁敌人的花架子，对于雄性戟龙来说，这圈奇特的骨刺也是吸引雌性戟龙的工具。

◎ **真正的武器**

戟龙真正的武器是它鼻子上的那根长长的尖角，这根尖角十分锋利，可以在敌人身上刺个大窟窿，就连肉食性恐龙中的大哥大霸王龙遇见它，也要礼让三分。

如果面对这样厉害的颈盾和尖角，还有掠食者敢往上冲，那戟龙一定会毫不客气地与它决一死战。

别看戟龙这么厉害，它们大多数情况下性情都很温和，从不随便欺负别的动物，是完完全全的素食主义者。它们只喜欢吃大平原上那些低矮植物的叶子，那个像鹦鹉嘴一样弯曲的嘴喙就是为了切割这些植物准备的。

◎ 敌动我不动

戟龙的防御能力很强,当肉食性恐龙向它们进攻时,它们总是显得很冷静,丝毫不显慌乱。就像现代的野牛一样,戟龙们会默契十足地立刻围成圈,然后站在原地不动,只是使劲地把头抬起来。

这样一来,立刻会有数把"利剑"指向敌人的要害部位,无论敌人怎样进攻,它们都能以不变应万变,轻松将敌人击退。

◎ 保护食物没商量

戟龙虽然性情温和,一般不轻易和别的恐龙动手,但如果谁胆敢抢夺它的食物,那可就不得了啦。

因为戟龙个头大,所以吃得也多,食物可以说是它最宝贵的东西。一旦最珍惜的食物遭到侵犯,戟龙可是会拼上性命去打一仗的呢。

◎选首领比力气

戟龙同其他动物一样,也需要通过武力来确定群体中的首领地位。

不过,在同类之间争夺首领之位时,它们也有自己的原则,决不会像对付敌人一样使用尖尖的角,以免不小心误伤了同伴。大多数情况下,它们会把颈盾上的骨刺卡在一起,然后拼尽全力互相推挤,最终谁的力气大谁就能赢得统治地位。

兰伯龙：恐龙"绅士"

生活时代：7600万~7500万年前的白垩纪晚期
化石分布：加拿大
家族：鸟臀目鸟脚类
食性：植食性

◎戴冠"绅士"

兰伯龙也是一种很容易辨认的恐龙，如果你看见头上顶着个短柄斧形头冠的大块头恐龙，那准是它没错了。兰伯龙体形巨大，身长可达15米，体重约5吨，与霸王龙的体格差不多。

不过别害怕，兰伯龙的脾气可不像霸王龙那样可怕，它是一种性情温和的草食性恐龙，是恐龙界标准的"绅士"。

◎ **最爱泡澡**

兰伯龙最喜欢水,每次吃完食物,能到水里舒舒服服地泡一泡,就是它们最满足的时刻。它们会像现在的水牛一样,把身体的大部分浸到水里,优哉游哉地享受水流的抚摸。

但即便在最享受的时刻,兰伯龙也不会放松警惕,它们对付掠食者主要依靠敏锐的视觉和听觉,一旦发现风吹草动,就会赶紧逃跑。

◎ **斧形音箱**

兰伯龙的中空骨质头冠可是它的标志性宝贝,群体中的成员能通过观察彼此头冠的不同来确认身份。

不过除了方便辨认,头冠里那些中空的管子就像音箱一样,能放大兰伯龙的叫声。群体活动时,一旦有队友走散,它就能依靠声音洪亮的鸣叫与大部队取得联系。

◎选美"冠军"

兰伯龙的皮肤上布满了卵石形的花纹,上面还长着许许多多的鳞片。这些鳞片有规律地组合在一起,形成了很多漂亮的图案。

可以说,兰伯龙是一种非常漂亮的恐龙,如果举行"恐龙选美"比赛,它很有希望夺冠哦。

◎牙齿众多

兰伯龙总是成群结队地生活在水边,那里有它们最喜欢的食物。你瞧它们一口下去,把能吃的植物全都吃了下去,一点也不挑食。这是因为兰伯龙的嘴巴像鸭子嘴一样又宽又扁,根本没办法只挑那些嫩枝幼芽来吃。

但幸好兰伯龙嘴虽扁,嘴里牙齿却不少,足足有100多颗。它们很喜欢吃些坚硬的食物,所以牙齿磨损得非常厉害。不过幸好它的牙齿总是在不断地生长,老的牙齿掉了,就有新的牙齿长出来,让它可以一直进食。

◎脚上有肉垫

科学家曾发现兰伯龙手印化石以及仍包着一层残存皮肤的指骨化石,由此他们推断,兰伯龙的指端包有一层肉垫,类似骆驼的蹄。

◎ **下蛋是个技术活**

对于像兰伯龙这样身材高大的恐龙来说，下蛋可算是个技术活，需要极大的耐心与毅力。科学家认为，这些体形巨大的恐龙会蹲下后肢，像大象一样把前肢稍稍抬起，使臀部尽量靠近土坑，再把蛋小心翼翼地下到坑中。

因为敌人众多，所以兰伯龙妈妈在宝宝出生后，也会抚养它们长大，等小恐龙能够应付这个凶险的世界了，才让它们独立生活。

副栉龙：最爱戴"高帽"

生活时代：7600万～7300万年前的白垩纪晚期
化石分布：美国、加拿大
家族：鸟臀目鸟脚类
食性：植食性

◎ 作用多多的头冠

副栉龙身长9~13米，重约5吨。它的头上有一个非常显眼的长长的头冠，像棍子一样由头顶向后延伸，长度可达1.6米。要是副栉龙使劲一仰头，头冠末端或许都能碰到它的背部呢。

副栉龙的头冠与鼻子合成一体，里面的构造四通八达，布满了细微的管道。副栉龙呼吸时，鼻子吸进的空气要通过这些管道才能到达肺部。

据古生物学家研究发现，这样奇特的头冠有许多作用，如可以当作扬声器扩大鸣叫声，可以用来作为每个个体的辨识物，也可以通过气流来调节体温等。

◎群居保安全

副栉龙既没有坚硬的盔甲，也没有带"锤子"的尾巴，更没有锋利的爪子。虽然那个长长的头冠可以用来冲撞敌人，但威力很小。

为了抵御凶恶的肉食性恐龙的袭击，通常数千头副栉龙集群生活在一起，形成一支庞大的队伍。一旦发现敌人，副栉龙就会用头冠发出警报，整个群体听到后便会赶快逃跑。如果哪只副栉龙掉队的话，基本上就只能沦为肉食性恐龙的盘中餐了。

◎ 温暖的栖息地

1920年，多伦多大学的野外考察队在加拿大阿尔伯塔省红鹿河畔的桑德河附近发现了副栉龙的化石。这具标本的发现地就是目前举世闻名的阿尔伯塔省恐龙公园。

这一地层中有许多保存良好且具多样性的史前动物群化石，包含许多著名的恐龙化石，例如我们熟悉的尖角龙、戟龙、冠龙、兰伯龙等。原来，这里草木繁茂，高处有针叶树，低处有蕨类、被子植物，可以满足各种植食性恐龙的需求，因此成为它们绝佳的栖息地。

◎ 不断长新牙

副栉龙的牙齿有数百颗，但只有少量牙齿是一直在使用的，加上它们和兰伯龙一样，也很喜欢吃些坚硬的食物，所以牙齿的磨损也非常厉害。不过幸好副栉龙的牙齿也是在不断生长的，老的牙齿掉了，就有新的牙齿长出来。

◎ 心有余而力不足

　　副栉龙大多数时候都用四足行走，只有当它们在平原上奔跑时才只用后肢，不过虽然两足奔跑的速度要比四足行走快许多，但面对掠食者还是心有余而力不足。所以副栉龙常常成为掠食者攻击的目标，生存堪忧。

食肉牛龙：其实不像牛

生活时代：7200万~6700万年前的白垩纪晚期
化石分布：阿根廷
家族：蜥臀目兽脚类
食性：肉食性

◎ 头上有犄角

想象一下，一只身材高大的恐龙头上，长着一对像牛角一样的犄角，是不是很有趣呢？而这对犄角也是它得名的原因。

但实际上，当你看到食肉牛龙，你就会发现，它除了那一对犄角长得像牛外，其他似乎没一处与牛相似的地方。

食肉牛龙的这对犄角虽粗却很短小,所以,要它像公牛那样去顶撞敌人是不太可能的。不过,如果你敢就此小看它,那肯定要吃大亏了。食肉牛龙身长9~13米,相当于三四辆小轿车的长度;体重约1吨,和大象差不多,它可是大型肉食性恐龙类群中的一员呢!

食肉牛龙有着巨大的头和有力的上下颌,它的咬合速度甚至比霸王龙还要快。

而且食肉牛龙的鼻孔很大,嗅觉非常灵敏,那些鸟脚类恐龙要是遇见它,可就很难躲过一劫了。

◎恐龙碰碰车

食肉牛龙非常耐撞,它们可以通过高速奔跑将猎物一头撞翻在地。而凭借强壮脊柱及肋骨的保护,自己却可以不受一点伤,真可称得上是恐龙界的"碰碰车"之王。

◎前肢小得可怜

食肉牛龙看起来很厉害,但它也有自己的烦恼,那就是它的前肢。和超长的身长比起来,它的前肢短小得可怜,无法像其他肉食性恐龙一样,利用前肢抓住猎物。

不过幸好食肉牛龙的后肢非常强壮有力,而且比其他肉食性恐龙要灵敏得多,这也算是弥补前肢的缺憾了。

◎奔跑速度快

食肉牛龙脊柱长,肋骨长,尾巴也长。长长的脊柱可以担负起身体的重量;长长的肋骨可以保护内脏,使它奔跑时内脏不会颠得太厉害;长长的尾巴则可以在奔跑时更好地保持身体平衡。

正因为拥有这三个条件,食肉牛龙的奔跑速度非常快,可达每小时50千米,常常在猎物还没有反应过来时就已经将它们抓获了。

◎成年的标志

既然食肉牛龙头上的那对尖角不是用来攻击敌人的,那么它们到底有什么用呢?据古生物学家推测,这对角应该是年龄的标识,当它们长到一定程度时就说明食肉牛龙成年了。

◎无用的牙齿

食肉牛龙最大的弱点就是它的牙齿。虽然它尖利的牙齿看起来很厉害,却不料中看不中用,这些细长的牙齿很容易折断。

因此,要是猎物在它嘴里使劲挣扎的话,为了保护牙齿,它就不得不放弃到嘴的美食了。所以大多数时候,它只能用后肢踩踏或身体碰撞等方式将猎物弄死、弄晕后才能进食。

甲龙：坦克战将

生活时代：7000万～6500万年前的白垩纪晚期
化石分布：美国、墨西哥、玻利维亚
家族：鸟臀目甲龙类
食性：植食性

◎ 坚固的甲龙

甲龙体长为7～10米，身体最宽处甚至达到5米。就身体比例来说，甲龙绝对可以称得上是"最宽的恐龙"。

甲龙最大的特征就是身披一层坚硬的骨甲。所以，很多科学家认为它是装甲恐龙的原型。其他甲龙科的恐龙也具有这样的特征，但甲龙绝对是其中最大型的成员。因此，甲龙在希腊文里的意思就是"坚固的蜥蜴"。

◎ 不太聪明的甲龙

甲龙的后肢比前肢长,身体十分笨重,只能用四肢在地面上缓慢行走。这种爬行的姿势,再加上一身厚厚的坚硬骨甲,看上去很像坦克,所以有人又把它称为"坦克龙"。

甲龙身上所有的骨头都紧紧相连,甚至没有多余的空间容纳脑部,所以它可不太聪明哦!

◎ 奋力一击的"锤子"

除了一身厚厚的"铠甲"外,甲龙长长的尾巴也是它的秘密武器。当遇到劲敌时,甲龙的尾巴末端就会忽然膨大起来,变成一柄锤子直接向敌人甩过去。这一锤的力量可大了,可以一锤敲碎敌人的骨头,就连霸王龙也抵挡不了!

◎ 不消停的搏斗

在关于恐龙的动画片中，我们常常看到这样的镜头：一只凶猛的肉食性恐龙猛然扑向一只植食性小恐龙，但是不管肉食性恐龙怎么咬、怎么抓，就是抓不住、咬不破那只小恐龙的身体。原来，小恐龙身上长着一层坚硬的厚甲，简直就像一辆小坦克。最后，肉食性恐龙只好无奈地离开，寻找别的猎物去了。这只"小坦克龙"就是甲龙。

在7000万年前的白垩纪，甲龙几乎每天都在经历上述那一幕。甲龙是恐龙大家族中较晚出现的类群，直到白垩纪快近尾声了才登上历史舞台。

甲龙生不逢时，同一时期存在的都是一些大型恐龙，比如"暴君"霸王龙。所以甲龙从出生之日起，就必须和它们展开生死较量。幸亏老天赐予甲龙一副"铠甲"——坚硬的钉状骨板与锤状的尾巴，这为甲龙提供了很好的保护。

◎ 超级防御术

甲龙的嘴巴前部没有牙齿,只在嘴边上才有些小小的牙齿,因此只能以植物的嫩枝叶或多汁的根茎为食。

为了躲避食肉恐龙的攻击,甲龙的自我防御本领很高。它的颈部和身体两侧也覆盖着骨质甲片,甲片上密布着脊突。遇到敌人时,它就会将身体蜷缩起来,藏在坚硬的骨甲中,再凶猛的敌人看见它也无可奈何。

埃德蒙顿龙：鼻子会发声的大怪物

生活时代：7100万～6500万年前的白垩纪晚期
化石分布：美国、加拿大等地
家族：鸟臀目鸭嘴龙类
食性：植食性

◎ 有用的鼻囊

埃德蒙顿龙的鼻子上有个鼻囊，就好像一层皱皱的皮肤贴在它的鼻子上。你可别小看这怪怪的东西，每当遇到敌人的时候，只要让鼻囊胀大起来，鼻子里就能发出巨大的吼叫声吓唬敌人。

如果小恐龙走丢了,埃德蒙顿龙的鼻子也会发出焦急的呼唤声,以便小恐龙能够听到声音尽快回到父母身边。

◎ **发现地命名**

成年的埃德蒙顿龙身长可达13米,体重约4吨,嘴巴长得像鸭嘴一样宽宽的、扁扁的,它是最大的鸭嘴龙之一。

之所以有这样一个奇怪的名字,那是因为埃德蒙顿龙的化石是在加拿大阿尔伯塔省的埃德蒙顿发现的,因此古生物学家就用发现地来给它命名了。

埃德蒙顿龙有四只脚,虽然前肢较后肢短,但也可以四足行走,只是走起来比较慢罢了。每次觅食时,它们很喜欢用后肢站立,以便吃到较高处的植物。

◎ 第一个发现者

第一块埃德蒙顿龙的化石是美国著名古生物学家乔治·F·斯坦伯格发现的。埃德蒙顿龙生活在今日加拿大阿尔伯塔省附近,是鸭嘴龙类里体形最大的一种。

◎ 密密麻麻的牙齿

如果有人告诉你,一头恐龙可以拥有1000多颗牙齿,你相信吗?嘿,别急着否定,只要你认识了埃德蒙顿龙,就不会对这种说法产生怀疑了。

埃德蒙顿龙真的有上千颗牙齿,你要是有幸见到,一定会被这些密密麻麻的牙齿给惊呆的。而且它的旧牙一旦脱落,就会有新牙长出来,但生长一颗牙齿需要约一年的时间。

埃德蒙顿龙的牙齿排列成数十列齿系,每列齿系有至少6颗牙齿。例如,帝王埃德蒙顿龙的每块上颚骨就有51~53列齿系,每块下颚骨有48~49列齿系,而且上颚牙齿较下颚牙齿狭窄。

◎恐龙也会得癌症

别看恐龙身形庞大,但它们和人一样,也会生病呢。一些肉食性恐龙在受到腐肉中的细菌和病毒攻击时,就会生病;而草食性恐龙也会因为吃到有毒的植物而生病。

如古生物学家曾经在研究了一具埃德蒙顿龙骨骼化石后惊奇地发现,这头恐龙竟然是得癌症死的。

霸王龙：残暴冷酷的君王

生活时代：6850万～6550万年前的白垩纪晚期
化石分布：加拿大、美国
家族：蜥蜴目兽脚类
食性：肉食性

◎顶级掠食者

霸王龙又叫暴龙，它的身长达13米，体重约10吨，身高更是超过两层楼的高度。而它的头部就长1.5米，比一个八岁小朋友的身高还要高呢。

为了撑起这个巨大的头骨，霸王龙长了一条又长又重

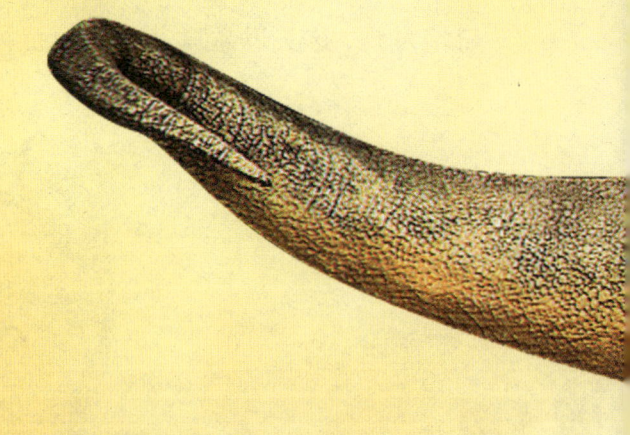

的尾巴,以此保持身体的平衡。

霸王龙的后肢粗大强壮,每条后肢都能撑起一头大象的重量。但与之相反的是,前肢非常短小,仅和成年人的手臂差不多长。因此霸王龙主要依靠后肢活动,其强有力的后肢使它拥有强大的弹跳力以及飞速奔跑的能力,它跑起来的最快时速可达60千米。

霸王龙是一种顶级掠食者,也是史上最著名的陆地掠食者之一。它可以说是有史以来最强的肉食动物,今天生活在地球上的任何一种动物都不是它的对手。

◎带着礼物去求婚

雄霸王龙如果看上了某只雌霸王龙,想向它求婚,那雄霸王龙必须带上丰盛的猎物才行。因为雌霸王龙的体形比雄霸王龙大许多,雄霸王龙为了避免被当作食物吃掉,使雌霸王龙大快朵颐后再结婚生子才是明智之举。

另外,充足的食物也可使雌霸王龙以最佳的状态产卵,保证后代品种优良。

◎使用"生化武器"

霸王龙满嘴都是细菌,就和科莫多巨蜥差不多,猎物只要被它咬上一口,细菌就会侵入身体,片刻后就一命呜呼。

科学家以此推测,霸王龙很有可能是世界上第一个使用"生化武器"的物种呢。

◎速度与智慧的完美结合

霸王龙虽然身体强壮,可它绝不是"四肢发达,头脑简单"的蠢货。相反,霸王龙的脑袋很大,视觉和嗅觉都很敏锐,可以说是一种十分聪明的恐龙。而同时,霸王龙也拥有强大的力量,因此面对它的高速追捕,几乎没有猎物能够逃脱。

◎骨骼破碎机

霸王龙的牙齿极为发达,大约60颗,每颗牙长30厘米。霸王龙的咬合力在3吨左右,相当于狮子咬合力的10倍。一旦碰上猎物,它就会用力量强大的巨颚狠狠咬住对方,然后扭转强壮的颈部将猎物撕碎。

霸王龙张开大嘴随随便便就能吞下一头牛,就像是一台可怕的骨骼破碎机。

三角龙：不好惹的食草龙

生活时代：6800万～6500万年前的白垩纪晚期
化石分布：北美洲
家族：鸟臀目角龙类
食性：植食性

○化石代表

三角龙是最晚出现的恐龙之一，因此它经常被作为晚白垩纪的代表化石。同时，它是那个时代数量最多，也是最后灭绝的恐龙之一。

三角龙身长大约为7.9～9米，重6.1～12吨，是一种中型

恐龙。它的头部长着三个角,有两个长达1米的尖角长在眼睛上方,还有一个小角长在鼻子上。这三个角都是用来攻击敌人的武器。

同时,三角龙的头后部还长了一圈长达2米的坚硬的颈盾,长度可达身长的四分之一,就像一面结实的盾牌,可以很好地保护自己脆弱的脖子。

◎吃高处的植物

三角龙是草食性动物,因为它们的头部低矮,所以它们主要以低处的植被为食。但三角龙不会傻傻地只吃低处的植物,它们会使用头角、喙状嘴以及身体来撞倒较高的植被,这样它们就能吃到较高处的食物啦。

◎ **尊老爱幼的模范**

　　三角龙喜欢成群结队地生活，就像今天我们看到的野牛一样。一旦强敌来犯，身强力壮的三角龙会头朝外围成一圈，组成一道铜墙铁壁，将群体中老弱病残者围在中间。这种尊老爱幼的行为不仅使整个三角龙群体免受伤害，也有利于种群的发展。

◎ **很不好惹**

　　三角龙的角是实心的骨头，因此拥有强大的破坏力。三角龙可以称得上是白垩纪时期最强悍的草食性恐龙之一，即便霸王龙也不敢轻易捕食它们。

　　就算是离群落单的三角龙，在受到攻击时也不会坐以待毙。它往往会凭借6吨的体重、35千米的时速，顶着长矛向对方猛冲过去，真是不好惹呢。

◎ 命名曲折

1887年，人们在美国科罗拉多州的丹佛市附近发现了一件由头骨顶部和附在上面的一对角构成的化石标本。当时，美国古生物学家奥塞内尔·马什在研究了这件标本后，认为这具化石标本属于一种特别大的北美野牛，因此将它命名为"长角北美野牛"。

第二年，马什根据其他一些破碎的化石，发现了有角恐龙的存在，但他仍然认为之前发现的标本是长角北美野牛。直到发现第三个更完整的角龙类头骨化石后，他才承认之前发现的标本是三角龙的化石，并重新命名。

肿头龙：铁头神功

生活时代：约6700万年前的白垩纪晚期
化石分布：美国
家族：鸟臀目肿头龙类
食性：植食性

◎ 巨大的脑袋

如果某种恐龙的脑袋上可以停放一辆小汽车，你会不会相信？在恐龙的世界里，没有什么是不可能的。就拿肿头龙来说，它的头是所有陆地动物中最大的，它的头连同脖子上的皮褶一起，真的可以搁下一辆小汽车。

和厚鼻龙一样，肿头龙长得也很丑，那个巨大的多刺的脑袋真是怪异极了。不过它身上最显著的特点，也要数这个脑袋了。

肿头龙的头不仅巨大，而且头的周围和鼻子尖上都布满了骨质小瘤，有的个体头部后方还有大而锐利的刺。它的脸部与口部饰以角质或骨质突起的棘状物，头顶上则高高地隆起，并扩大成了一个突出的圆顶，远远看去就像防暴队员使用的钢盔。

◎ 撞头来战

肿头龙的头骨非常结实，其厚度可达25厘米。这样厚的头骨能有效地减轻撞击带来的脑部震荡，因此肿头龙选领袖时就喜欢用头撞头的方式来决一胜负。

不仅如此，雄性肿头龙争夺配偶时也采取同样的方法，只有胜利者才能和雌性肿头龙进行交配，而失败者只能灰溜溜地躲在一旁干着急。

不过你可不要误认为肿头龙是好战的动物哦，它们其实挺温驯的，大多数时间它们都友好地生活在一起，绝不会动不动就撞头玩。

◎头骨吉尼斯

　　草食性恐龙的头骨大多比较薄,如脖子最长的马门溪龙的头骨厚度只有1厘米。而体长约4米、体重仅2吨的肿头龙,虽然个子不大,但头骨的厚度竟达25厘米,足足是马门溪龙的25倍,堪称恐龙世界里的头骨厚度之最。

◎撞头不如逃跑

　　虽然肿头龙可以用厚厚的脑袋去撞击,但这种撞击也很危险,很容易造成脖子侧向扭伤。因此肿头龙的头看起来再厉害,也不能帮助它们抵抗掠食者的袭击。

　　每当遇到危险时,肿头龙主要靠敏锐的嗅觉和视觉及早发现敌人,以便有充足的时间逃跑。

◎ 见证消失的世界

恐龙是由距今2亿多年前三叠纪晚期较进步的槽齿目爬行动物演化产生的，经历了大约1.75亿年的演变，于距今6500万年前的白垩纪末期全部灭绝了。

在差不多整个中生代期间，几乎所有的大陆都有恐龙的踪迹。但就是这样看似无敌的主宰者，似乎一夕之间就消失得无影无踪了，而肿头龙也是那个时刻的见证者之一。

冥河龙：最后的"神秘客"

生活时代：白垩纪晚期
化石分布：美国
家族：鸟臀目肿头龙类
食性：植食性

◎相貌怪异

冥河龙是一种相貌怪异的恐龙，身长约2.4米，高约1米，体形和习性似乎都跟今天的野山羊有些类似。它的头部有一块坚硬的圆形顶骨，周围布满了锐利的尖刺，看起来似羊非羊、似鹿非鹿。

这种神秘的恐龙就是冥河龙，其命名源于美国蒙大拿州的地狱溪。

◎ **头骨的作用**

冥河龙能用后肢直立行走,前肢细小,并长着一条坚硬的长尾巴。它的头颅十分坚硬,同时头上长有圆顶、锐刺和尖角。其圆顶的头骨厚度可达20厘米,且与脊椎骨连接,因此与其他恐龙相比,它能够承受更大的冲击力。这种头骨的作用也许和肿头龙一样,雄性冥河龙通过互相碰撞头部来争夺群体中的首领位置以及伴侣。

虽然冥河龙的头骨并不能用来御敌,不过幸好与它们生活在同一时期的霸王龙更喜欢吃三角龙,所以冥河龙被吃掉的概率相对要小一些。

◎时刻保持警惕

冥河龙的生存环境相当恶劣,在它们栖息的地方,还生活着霸王龙、阿尔伯特龙等大型掠食性恐龙。

虽然霸王龙更喜欢吃角龙类的恐龙,但这并不等于冥河龙就可以高枕无忧了。于是,在群体中,总有一些身强力壮且机警敏捷的冥河龙承担警戒任务。

当掠食性恐龙进犯时,它们不仅要保护同类撤离,有时还要和霸王龙进行殊死搏斗,争取把伤亡降低到最小。

◎恐怖的化石

1983年发现冥河龙化石的场景,就像取出一具地狱恶魔的遗骸般令人恐惧。在全部的化石记录中,冥河龙那精巧而复杂的头饰,使它成为面目最狰狞的恐龙。

但遗憾的是,目前人们对这种恐龙还了解甚少,因为迄今只发现了五具冥河龙的头骨以及一些零零碎碎的身躯遗骸。

◎ 研究进展

古生物学家在研究已经发现的冥河龙骨骼化石时,也取得了一些成果。如他们发现,大部分的肿头龙类头颅后部洞网状结构都有愈合的趋势,从而使头颅厚度得以增加,而异常厚实的头颅表明冥河龙在肿头龙类中是比较进步的种类。

但冥河龙还有更多的秘密,留待后来者去发现探索。

这些都是真的吗？

恐龙界的体长冠军属于腕龙。 这是假的。

腕龙是恐龙界的身高冠军，它抬起头的时候有12米高，相当于四层楼的高度。至于体长冠军，非梁龙莫属，其身长超过27米。

这是真的。 食肉牛龙虽然名为"牛"，但其实它们长得一点也不像牛。

食肉牛龙得名的原因是它的头上长着一对像牛角一样的犄角，而除此之外，它的身上没有一处与牛相似的地方。

埃德蒙顿龙的嘴里有上千颗牙齿，真的好可怕！ 这是真的。

这是真的。埃德蒙顿龙的牙齿排列成数十列齿系，每列齿系至少有6颗牙齿，一张嘴里真的有上千颗牙齿呢。而且它的旧牙一旦脱落，就会有新牙长出来，但生长一颗牙齿需要约一年的时间。

霸王龙虽然勇猛，但它们却不怎么聪明，可以说是一种"四肢发达、头脑简单"的恐龙。

霸王龙虽然身体强壮，可它绝不是"四肢发达，头脑简单"的蠢货。相反，霸王龙的脑袋很大，视觉和嗅觉都很敏锐，可以说是一种十分聪明的恐龙。

这是假的。

这是真的。

窃蛋龙其实并不会偷别人的蛋，这只是个历史的误会而已。

这是真的。1923年，科学家发现一副窃蛋龙的骨架正卧在一窝恐龙蛋化石上，便以为它在偷别人的蛋。虽然后来的证据表明，窃蛋龙其实是在孵蛋；但根据《国际动物命名法规》，它的"恶名"已无法更改了。

尾羽龙身上披着漂亮的羽毛，它们可是鸟类的祖先呢。

尾羽龙虽然身上长有羽毛，却不是为了飞行，而是为了保暖或者吸引配偶。它们属于兽脚类恐龙，与鸟类真的没什么关系呢。

这是假的。

恐龙到底在地球上生活了多长时间？

恐龙生活在中生代，即2亿5000万~6500万年前的那段时期。而中生代又被分为三个纪：三叠纪、侏罗纪和白垩纪。恐龙最早出现于三叠纪，在侏罗纪达到鼎盛，在白垩纪时期便走向了灭亡，这种动物曾经在1.75亿年的时间里统治着地球。

世界上给恐龙命名最多的人是谁？

中国著名古生物学家董枝明。他一共为30多种恐龙命名，是世界上给恐龙命名最多的人。

庞大的恐龙家族是如何分类的？

科学家根据恐龙的骨盆形状，将恐龙分为两大类：一种类似蜥蜴的骨盆，被称为蜥臀目；另一种则类似鸟类的骨盆，被称为鸟臀目。

地球上曾经存在过多少种恐龙？

迄今为止，共有775种恐龙被命名，还有很多正在继续发掘中。据估计，从三叠纪中期到白垩纪晚期，可能共有50万种恐龙在地球上生活过。但由于各种原因，仅有很少的一部分恐龙成为化石并且被人类发现。

世界各大洲都有恐龙的足迹吗?

恐龙的化石,在欧洲、亚洲、非洲及南北美洲均有大量出土。而出人意料的是,近十几年来,在一向缺乏古动物化石的大洋洲和南极洲也发现了恐龙化石,后来甚至在北极圈内也发现了恐龙化石。可以说,当时的恐龙足迹遍布世界各大洲,称得上是名副其实的地球霸主。

恐龙究竟是什么颜色的?

由于化石无法保留生物的色素,所以没有人知道恐龙是什么颜色的。但古生物学家认为,恐龙身体的颜色大多数应该是灰色、绿色或棕色的。

恐龙能够复活吗?

20世纪80年代,美国古生物学家波纳尔提出了一个再现恐龙的设想。他认为,只要能找到恐龙的DNA,然后把它移植到雌性鳄鱼的受精卵细胞中加以孕育,那么恐龙就会从鳄鱼的卵里孵化出来。

至于如何提取恐龙的DNA,波纳尔则试图通过寻找恐龙时代的琥珀来实现。假如某块琥珀里面的小蚊子曾经吸食过恐龙的血,这样一来,就可以通过血细胞分离出恐龙的DNA。

不过到目前为止,这仍然是一种设想,实现的可能性几乎为零。

图书在版编目(CIP)数据

寻找消逝的恐龙/米家文化编著. —杭州：浙江科学技术出版社，2017.4
(奇趣科学探索之旅)
ISBN 978-7-5341-7497-1

Ⅰ.①寻… Ⅱ.①米… Ⅲ.①恐龙-少儿读物 Ⅳ.①Q915.864-49

中国版本图书馆CIP数据核字(2017)第039011号

奇趣科学探索之旅
寻找消逝的恐龙

编　著	米家文化	印　刷	杭州下城教育印刷有限公司
出版发行	浙江科学技术出版社	开　本	710×1000　1/16
	杭州市体育场路347号	印　张	10
	邮　编：310006	字　数	150 000
	办公室电话：0571-85176593	版　次	2017年4月第1版
	销售部电话：0571-85062597　85058048	印　次	2017年6月第2次印刷
	网　址：zjkxjscbs.tmall.com	书　号	ISBN 978-7-5341-7497-1
	E-mail：zkpress@zkpress.com	定　价	25.00元
设计排版	大米原创		

版权所有　翻印必究

(图书出现倒装、缺页等印装质量问题，本社销售部负责调换)

责任编辑　卢晓梅　　责任校对　顾旻波　马运娟
责任美编　金　晖　　责任印务　田　文